U0561643

三十几，来得及

卢璐 —————— 著

中信出版集团 | 北京

图书在版编目（CIP）数据

三十几，来得及 / 卢璐著 . -- 北京: 中信出版社，
2021.1（2021.1重印）
ISBN 978-7-5217-2374-8

Ⅰ.①三… Ⅱ.①卢… Ⅲ.①女性－修养－通俗读物
Ⅳ.① B825.5-49

中国版本图书馆 CIP 数据核字（2020）第 208263 号

三十几，来得及

著　　者：卢璐
出版发行：中信出版集团股份有限公司
　　　　　（北京市朝阳区惠新东街甲 4 号富盛大厦 2 座　邮编　100029）
承 印 者：北京诚信伟业印刷有限公司

开　　本：880mm×1230mm　1/32　　印　张：8　　字　数：179 千字
版　　次：2021 年 1 月第 1 版　　　　印　次：2021 年 1 月第 3 次印刷
书　　号：ISBN 978-7-5217-2374-8
定　　价：52.00 元

特别推荐

法国驻武汉领事馆总领事　贵永华先生

我推荐你读卢璐——在法国生活了很多年的中国女人的书。

她的书仿佛一脚踢开了长久以来被男性封垒的世界，她在书中告诉我们：每个女人都是自己人生的作者，从童年一直到老年，每个章节都由女性独立撰写。

卢璐笔下的女性正是一直以来都令我喜爱和欣赏的：她们的人生并不限于青春和美貌，而是通过自己的人格魅力以及成就建立了价值，她们掌管着自己的未来和人生。

对卢璐来说，幸福就是主动选取自己想要的。职业、爱情、家庭、朋友，选这个还是那个，抑或是全部？一切都取决于你自己的抉择！

Préface de M. Olivier Guyonvarch,
consul général de France à Wuhan

Il faut lire le livre de LU Lu, une Chinoise installée en France depuis de nombreuses années. Son livre est un coup de pied dans la forteresse des hommes. Elle nous rappelle que les femme doivent être les auteures de leurs vies, elle en écrivent les chapitres, depuis l'enfance jusqu'à la vieillesse, en toute indépendance. LU Lu décrit les femmes comme je les aiment et les admirent: sachant ce qu'elles veulent, maitresses de leurs destinée, et belles, non pas seulement par leur jolis sourires, mais parleur réussite professionnelle et personnelle. Pour LU lu, le bonheur, c'est choisir ce qui est bon pour soi. Carrière professionnelle, amour, famille, amis? L'un ou l'autre, ou tout à la fois, mais faites votre choix!

作者寄语

我的人生中有两个最大的"无意"。

20多岁的我，在巴黎有一份不算精英但可以让我独立的工作。我有爱好、交友圈，每年定期旅行，日子简单，有点儿小确幸。

30多岁的我遇到了第一个"无意"。我无意地成为一个全职太太加高龄产妇，随着先生的工作辗转于中国、法国之间，每天就是带娃、做饭。

这样的日子，我过了6年，之后第二个"无意"来了。我无意地开始写公众号文章，在收获百万读者信赖的同时，也找到了连接世界最好的方式。

40岁后，作为自媒体圈的创业者，我需要面对难倒了很多女性的"事业与家庭如何平衡"的千古难题。我必须一边管理公司、写作，一边照顾两个女儿，管理家庭——真的很辛苦，但也真的很幸福。

人生没有太晚的开始。资质平凡的女孩如果起点不高，怎样发挥自己的优势？分身乏术的职场妈妈和全职太太，如何在结婚生子的同时，实现人生价值？……一路走来，我想把自己走过的弯路、经历过的挣扎分享给你。

先独立，后爱人；不屈从，不依附。如何做到？除了勇气，你还需要切实可行的思维方法与实操工具。这就是我写这本书的目的。

目　录

前 言
如果你也曾像我一样

　　1999 年秋，我去法国留学。2001 年，稍微过了语言关后，我就开始在一家法国餐厅打工。那时候的我 25 岁，每天嘻嘻哈哈，工作起来大错没有，但是小错不断。有一天，经理对我开玩笑说："你再这么没心没肺下去，怎么能够在未来成为一名独当一面的主管呢？"

　　我摇头大笑说："我才不要当主管，我只想做个'小女人'啊。"

　　然而这句回应能够让我深记这么些年，就是因为我当时说得如此顺理成章，但在脱口而出的那一刻，我分明是有点儿后悔的，内心深处还有丝丝痛楚。

　　因为在一路长大的过程中，在爱情、婚姻、家庭、孩子之外，关于未来，我还期待过很多其他画面，期待过成为一个更加明亮且有力量的人。譬如，一家公司的高管，一位备受赞誉的设计师，一个运筹帷幄的决策者。作为整个团队的支柱，穿着合体的西装，戴着耳钉和腕表，做出有方向性的决定，干练而果敢。总而言之，就是不局限于家庭，还有社会上的价值。

那时候我虽然没有结婚，甚至连与男朋友的关系都不甚稳定，但我隐隐觉察到，这是两种并不太能兼容的生活。

从理论上来说，“小女人”看起来过的是一种美好、轻松、惬意、被保护的生活。但是不需要努力和奋斗，真的是一种唾手可得的幸福人生吗？

答案并不是这样的！

如今我越来越清晰地认识到，“小女人”的执念根本就是女人心中的认知矛盾：一方面不愿意面对和承担自己的责任，想要一种舒适的依附；另一方面不甘心被人安排和控制，想要拥有独立的生活。

为什么会这样？

2019年除夕，我们全家一起看《春节联欢晚会》，有个节目是一群阳光少年配合着音乐跳起来做各种花式高难度的灌篮动作。我女儿问：“为什么都是男生，没有女生啊？”我母亲脱口而出：“这么难，女人做不来的！”

我母亲当年70岁，她退休前是一名军医司药，在同龄人中，她堪称一个思想开放的独立女性。可她的思想深处还是无法避免地被烫上烙印：女人本弱。

可不要以为这只是老一辈的意识。

有一次我的女儿们在上跆拳道课，当时大女儿有点儿累了，练得并不认真，花拳绣腿敷衍了事。我说：“你用劲啊，看你旁边的小朋友多么认真啊。”

她噘着嘴脱口而出：“可他是个男孩子啊！”她说得如此理直气

壮，让我一下怔住了。我没想到，生活在如此开放时代的 00 后，居然也能有这种观念。

等她下了课，我非常严肃地告诉她："女孩子和男孩子之间的确有些不同，但这绝对不是你可以偷懒的借口，因为女孩子和男孩子都有一个共同的特点，那就是他们都是人。"

虽然在生命最初，性别是随机确定的，可从出生那一刻起，性别就是一种会被塑造的选择。

家长会把新生女孩子和布娃娃、过家家的厨具放在一起，让她逐渐学会操持家务，做个好母亲；会让男孩子和玩具刀枪、汽车模型在一起玩，让他学会建功立业，征服世界。

无论是 10 岁的女孩子还是 70 岁的老妇，这种性别暗示日日夜夜无处不在，没人可以逃脱。全世界的女人，无论年纪、种族、肤色，被持续灌输这类暗示后就容易形成四大"女性困境"。

1. 女人本弱

这一点是最容易击中女人的，因为这个观点总是从女人的体形较小、力气较弱这样的事实开始，从而衍射出女人的智力是低的，能力是弱的，进而全面否定女人。总的来说，女人就是不行。经过几千年的潜移默化，这一观念已经深入人心，甚至毋庸置疑。

譬如，女人们总会凑在一起讲述自己有多迷糊、愚蠢，这是人们茶余饭后喜闻乐见的娱乐话题。相反，男人在聊天的时候，会在单方面无限制地夸大自己的能力，从不会说自己能力不行。

就是"女人本弱"这个定义，让很多女人从骨子里面坚信，自己并没有能力在这个世界上独立，所以要找别人保护，依附于人，而自己的责任就是安然在家相夫教子。

其实这并不是女人的本性，而是被灌输了几千年这样的观念之后，女人会笃定地认为，人生成功与否是根据能保护自己的"主子"的强弱来评定的，而非依靠自己获得成功。

2. 女人是次要的

身为药剂师的妈妈给我讲过一个关于中医食疗的故事：人们是如何发现吃动物肝脏对眼睛有益的。

在丛林时代，打猎的男人可以吃最好的肉，而待在家里的女人就只能啃骨头、吃内脏。可人们渐渐发现，男人们的视力比女人的损害得快，才终于有人发现，食用动物肝脏对眼睛有好处。

在那些供给不足的岁月里，所有的资源都要供给能够获取外部资源的人，于是几千年来，这种主次和从属关系已经被印刻在女人的意识里了：有营养的食物要留给男人，家里的金钱要供给男孩子去读书……

我相信，每个女人都不止一次地说过类似的话："肉不够，你们吃，我没关系""被子不够，你们盖，我没关系""只要你们满意，我没关系"……

即使在今天，女人仍以一种附属的、次要的、依从的角色出现，等待着别人为自己安排，并服从这种安排。

3. 女人被预判成"有罪"的

我发现，在同样的一种罪行或者道德缺失行为中，社会大众总是更难对女性宽容。

最常见的如婚姻出轨，在得知被欺骗之后，原配盛怒之下要找的不是那个背叛她的男人，而是第三者，因为觉得是她勾引了自己的男人；围观的吃瓜群众也只是站原配或是站第三者。相比两个女人而言，男人的压力和风险都小得多。

如果是丈夫和情人打起来了，围观群众的讽刺很多时候指向的是那个"没有廉耻"的女人。

另外，虽然已经有很多数据和研究表明，强奸犯选择受害者和她当时的穿着并没有直接关系，但直到现在，还是有很多人会认为，穿着超短裙上街的女人活该被侵犯。

以此类推，在很多事务中，人们非常容易宽恕犯错误的男人，而会严惩犯错误的女人，其中量刑最严厉的往往是女性群体本身。女性群体之所以出现类似"女人难为女人"的状态，往往是因为在女性最隐晦的意识中，从小到大已经被成千上万次提醒过，身为女人林林总总的准则，譬如"三从四德"。所有不符合这些约束的行为，都会被默认为：错误的、异类化的和不被允许的。

4. 女人最大的价值就是生育

我们几乎每天都会听到女人舍命生子的事例。女方无论年纪大小，无论身体状况好坏，一定要拼命为男方生出孩子。如果这仅仅是人类本身对于自己繁衍和传承的渴望也就罢了，然而可悲的是，很多舍命的女人并不是没有生出孩子，只是没有生出儿子。因为在父系社会中，只有儿子才能把丈夫的姓氏传承下去！

"母凭子贵"并不是活在《甄嬛传》里的故事，而是在 21 世纪的今天，依然迎头可见、比比皆是的情况。

这一切似乎在说，生育才是女人最大的价值。

无论是显性的还是隐性的，所有的原因都将女人重重包裹，推向一个地方，把她们限定在一个尽可能小的空间里，去掉其主动性，让她们不能按照自己的意愿争取，被动地接受别人安排的生活。所以，更加令人细思极恐的观念变成了：找到一个有能力、有资源的男人，得到他的宠爱，这才是理想的生活。

然而问题是，生活在 21 世纪的女性即使拒绝变化，还想活在裹着小脚、"大门不出二门不迈"的年代，也已经不再可能了，因为时代变了。坐上飞机就可以环游世界，拿着手机就能联动世界，就能知道地球的另一边是刮风下雨了，还是有什么事情发生了……

这个时代的变化对于女人人生的改变是轰然决绝的。因为几千年来家中"主内"的人生份额突然新增了更多的部分：教育、工作、收入、地位、影响力……

所以，无论是主动还是被动，女性都不能再躲在大门后面，只做个太太，做个母亲，或者祖母，只承担自己做家庭妇女的责任。今天的女人直面社会和国家，人生的秩序已然改变了，要先是一个人，再是一个女人。

"是一个人"的意思就是，你是这个社会的一分子，负有社会责任，要创造价值，要付个人所得税，要有自己的意见，能发出自己的声音。你不仅仅要在家庭里，也要在社会上有自己或大或小、至少能够立足的地位。

一方面是约定俗成的相夫教子、有序持家，另一方面是内心渴望的自我独立、获得人生价值，这根本就是令人七上八下、左右为难的选择。毕竟人生只有一次，鱼和熊掌无法兼得。

虽然在名义上，有很多名流女性树立了一个个"事业和家庭可以兼顾"的"典范"，但事实上，光环的背后只不过是一个个选择。而很多女性往往并不善于做出选择。

可相对于选择，女性更不擅长的是排序——把自己的人生事务，按照自己的需求有轻重缓急地进行有效排序，在进退之间获得自我需求最大化的结果。

在人生中，不论是那些我们想得到的、我们必须要完成的，还是一大堆可有可无的事物和元素，它们都堆在那里，不离不弃。所谓"选择"，只不过是个非黑即白的命题，游弋在"保存"和"删除"之间。

然而更有效也更加明确的，却是人生排序——根据不同的人生阶段和自己的需要，平心静气地把自己人生的各部分进行排序。实事求是地说，我们每个人都在有意或无意地时刻迭代着自己的人生排序。建立明确且清晰的人生秩序，可以让我们远离杂乱不堪、疲于奔命的生活，让我们可以明确地知道自己在人生每一个阶段的目的和意义。

当然，这个秩序并不是一成不变的，随着进入人生不同阶段和自己内心的成长，我们随时都可以审时度势地把曾经并不是特别重要的问题升至第一位。

所以，这本书是我基于亲身经历，写给一切像我一样的女人。

如果你也曾怀疑自己的实力，如果你也曾不相信自己的能力，如果你也曾抱怨，如果你也曾无法调和事业与家庭，混乱不堪、精疲力竭，如果你也曾歇斯底里、无法自持，那就来看一下这本书吧。在改变人生际遇的这场大战来临之前，我们需要做的是一次自我调息，积蓄力量，建立精神秩序。

第 一 章

人生来得及，
你永远有
选择的权利

现代女性，
怎样被逼入困境？

　　"男主外、女主内"这种自农耕时代开始形成的婚姻模式，是几千年实践下来最佳的婚姻模式，夫妻携手，各自承担自己的职责，看起来多美好啊！可为什么现代女性普遍认定自己的人生不幸福，正在一步步陷入困境呢？

　　这些年，我陆陆续续地看到很多文章，大家普遍认为家务和育儿是冗长且琐碎的事：24小时待岗，365天无休。如果真的把女人为家庭的付出换算成钱，那将是一笔巨额费用，所以人们强烈要求给家庭主妇支付工资，以唤醒社会重新认识女性对家庭的付出。

　　这种事实，难道仅凭呼吁一下、抱怨一下，或者委屈地哭一下，就可以改变吗？

　　在普世的观念中，人们虽然嘴上说"带孩子很辛苦"，可还是习惯把"赚钱"置于"顾家"之上，分了先后和主次。

　　女人在诉说自己的付出和牺牲时，男人只需要轻描淡写地说一句"要不，你出去工作"，那么她无论是感到委屈还是在抱怨，很多时候都只能闭嘴（因为在一个家庭里，男性往往是赚钱较多的那个），屈辱之情随之产生。

这是社会太势利了吗？钱就是真理吗？

要知道，每个人都要有以下两面。

面向外部，去争取自己的生活资源，无论是丛林时代的猎物，还是经济时代的银行存款。更高级的需求是金钱之外的，如社会地位和人脉，这都是人生必要的基础，建立这些就是在为自己的人生开源。

面向内部，去组织自己的生活资源，组织自己的日常起居，教育好孩子，这也是人生至关重要的一部分，是在人生开源之后更高级的需求。

若是从外部弄不来食物或金钱，那么再怎么精打细算，还是会很快就走到弹尽粮绝的那一天。

生活在乱七八糟的家里，吃着难吃的食物，忍受着自己的孩子变成一个"废人"……大多数人都可以忍受。但没有人能够忍受超过三天不吃饭，或者天冷了还被迫穿着露胳膊的衣服。

这就是重要和必要的区别。我们可以重新审视和定义女性为家庭付出的价值，但是从人生必要性和基础性的角度上来说，为家庭开源的那个人，的确是更重要的，毋庸置疑。

婚姻虽然是两个人在一起奋斗和付出，但因为分工不同，付出的结果就有了主次。那么无论如何呼吁、如何要求和教育男人，都是无用的。"男主外、女主内"这种看起来很美好的婚姻模式，决定了男女注定无法平等。就是这种不平等，随着几千年来的持续发展，有些女人渐渐退化成了"大门不出二门不迈""没有名字，只有父姓或者夫姓"的附属品，把自己的人生最高点定义成"找到一个宠爱自己的男人"。

但这真的可行吗？

在今天的社会中，有很多男人和相当一部分女人对于女权或者女性独立持保留意见，觉得这根本就是在打破男女平衡。甚至常常有人说，你看中国古代一直崇尚的不就是"男主外、女主内"的婚姻吗？只要两个人能完美配合，就能够琴瑟和鸣、举案齐眉。

可我们每个人都知道，在这几千年中，被用来描写美好婚姻最经典的那个词是"男耕女织"。家喻户晓的黄梅戏《天仙配》中的《夫妻双双把家还》也唱道："你耕田来我织布，我挑水来你浇园……"

现在来琢磨一下"男耕女织"这个词。

男人从事农业生产，有了收成，让家人不饿肚子，并且拿多余的粮食去换钱，购买其他家用产品。

女人从事织业工作，织好布匹，让家人不受寒冷，并且拿多余的布匹去换钱，购买其他家用产品。

虽然男耕的场景是在户外，女织的场景是在户内，但两个人做的都是同一种事情：一起创造剩余价值。这不是男人在外种田、创造价值，而女人仅仅在家里做饭、看孩子。

男耕女织的婚姻模式之所以美好，是因为两个人在婚姻和人生中的分工没有主次，是平等的，所以才能相互尊重、各自独立。

两年前，我第一次去参观乌镇，要写一篇关于乌镇的宣传稿，旅游部门专门派了工作人员给我们做讲解。我们参观水乡传统的手工制丝和刺绣作坊时，工作人员告诉我们，不仅是在乌镇，而且在整个江南水乡，自古以来，养蚕、制丝、织布和刺绣这种经济支柱性的产业，主力都是女人，所以即使在男尊女卑的封建时代，女人的地位也是很高的，在婚姻和家族事务中很有自主权。

大约在十年前，网络上非常流行一种穿越类型的女性文学作品。故事都是相似的，一个现代的女人穿越到古代的皇宫，遇到一群皇子，个个都情深似海，想要专宠她一个。于是这个女人在男人的爱情滋养下，要风得风，要雨得雨，生活得幸福无比。

我们从小被灌输的且是很多女性梦想的那种被一个男人宠成公主、心安理得地接受照顾类的婚姻，是极少存在的。这根本就不是男人靠不靠谱、爱不爱你的问题。

很多时候，这只能是一种玫瑰色泡泡般的臆想，因为现代女性已经很难接受整日只待在家里的生活了。

其实，无论是在古代还是在现代，道理都是相通的。每个人的社会地位和家庭地位都和自己直接创造的价值有直接而不可分割的关系。想在有生之年活得有尊严且悠然得意，第一要素就是放弃幻想，不依附他人，从精神和物质两方面做到独立。

今天的女人，不仅可以随意出门，还可以单枪匹马跑遍世界，有选举权、离婚权，有一夫一妻制的保护，还有自由选择是否生育的权利……

今天的女人，享受了女性独立所带来的权利，那么必定也要承担随之而来的责任，那就是除了照顾家庭、尽到妻子和母亲的责任，还必须创造价值，而这种价值，必定源于家庭需求之外、有创造性的、可以和男性价值抗衡的价值。这并不一定是金钱，也可以是人脉，或者是社会影响力等任何一种形式。可无论它是什么，本质都是一个，需要女性付出时间、精力，积累经验，否则她就得不到。

我在很多场合中都说过："当今是有史以来对于女性而言最友好的年代，女性有了一种可能，就是可以走出小小的格子，看到蓝天。"

可事实上，把今天受过高等教育的女性渐渐逼入绝境的原因，也是同一个，那就是随着社会的发展，女性升级了她们的权利，也被迫升级了她们的责任——兼顾家庭和事业。而很多男人丝毫没有感觉到变化和危机，依旧觉得只要能养家糊口就万事大吉。赚钱之外的事情，并没有被他们写进自己的人生使命里，这就造成了男女分工不平衡的社会现状。

无论是男耕女织，还是"我挑水来你浇园"，都建立在彼此尊重、平等分工的基础之上。如果女性必须兼顾家庭和事业，而男人回到家就可以瘫在沙发上，心安理得地玩游戏，那么不平等就出现了。

由此造成的现象就是，在今天的社会，很多女性不结婚或者选择离婚，因为她们感觉单身更快乐。

单身女性的快乐是一种真实的快乐，但它却是被制约在一种相对的、核算过取舍的条件下的快乐，因为人本质上是一种害怕孤独的动物，更希望能够找到伴侣，一起走过人生之路。

当时代的车轮滚滚而去，女性已经没有倒退回裹起小脚、靠在窗口绣花那种生活的可能，那么唯一的选择只能是：朝前看，咬着牙从困境中走出去，不断地战斗，让自己变得强大。女性要让自己的改变影响身边的男人，迫使他们"升级"，彼此重新分工，从而达成新的平衡。

这个时代对于女性来说，是最无助且撕裂的时代。面对这种不公平的局面，我们知道来路已经行不通了，但我们不知道下一步到底应该如何前行。眼下，我们必须承担着事业和家庭的双份重担，疲于奔命。

所以，请不要再说什么"我付出了青春和人生，我一无所有"，或者"女子本弱，为母则刚"这些话。大千世界，芸芸众生，每个人都只是一颗芥子，我们的确改变不了世界，但至少可以改变自己。

要知道，在这个世界上，最没有用的就是没完没了的委屈和毫无行动的抱怨。负能量只能聚集负能量，不停抱怨只会让一切变得越来越糟糕。

我是个不称职的母亲吗？

在当今社会，女性不仅可以接受教育，其中相当一部分还接受了高等教育。可是，为什么在毕业进入职场几年后，能够持续前进、进入企业中层乃至高层的女性比例如此低？

有一次，我去参加一个女性成长论坛，主办方组织了一场晚宴，既然论坛主题是女性成长，大家很自然地就谈到了关于女性职场竞争力和上升空间的问题。

有位嘉宾是一家大型国企的 CEO（首席执行官），她非常直接地说："如今女性的职业生涯是非常短的，仅仅是从大学毕业到结婚，最迟拖到生孩子之前的这几年，后劲不足是影响女性上升的最大问题。"

一家公司不愿意招聘适龄年轻女性，我虽然不认同，但可以理解——培训几年，工作刚刚开始上手，就开启备婚、结婚、怀孕、生孩子的一系列人生历程，会有一大段空窗期。可是为什么公司也不愿意把机会让给那些已婚已育的女性呢？

我认识大量受过高等教育、曾经身居高管位置的女性因为生育而在事业之路上停下来。我特别了解她们心中的焦虑——她们有能力、有资历，还有阅历，只是差一个机会。一个当了妈妈的女人，会更加懂得"责任"二字的意义，更珍惜来之不易的机会。

上文这位女性 CEO 说："从理论上讲，的确是这样，但现实并不像你想的那么简单。在女人的人生中，最大的拦路虎是生育而不是婚姻。结婚简单，不合适还可以离婚，可生孩子真不仅仅是那九个多月的孕期而已。孩子出生后，问题只会越来越多，孩子会生病、会长大、要去参加各种兴趣班……而我们的父母都老了，家里总有点儿鸡飞狗跳的事。在一个家庭中，你觉得会是谁停下工作去处理这些问题呢？"

另一位人力资源总监接着说："每家公司的人事部门都是女性居多，甚至很多并不是学人力资源专业的女性也要想办法进人力资源部门。主要原因就是，大家觉得这个部门的人不用拼着命去跑业务，上班时间固定，比较清闲，可以腾出时间和精力去照顾老公和孩子。可谁没事能给你撒钱啊？每家公司的尺度都是被聘用的员工能创造和他／她薪水相当的价值。"

想一想，真的是这样。对于大多数已婚女性来说，自己想不想进这家公司、做这个职位的评判标准是：公司离家有多远，工时是不是有弹性，用不用出差，会不会对自己晚到早归、随时请假这种"福利"特别较真，而这个职位的上升空间、公司的发展前景，已经完全不是已婚已育女性在择业中首先考虑的事情了。

请问，心怀这样的职业意愿，怎么可能会有更大的职业发展呢？

CEO 还举了一个女性下属的例子："曾经那么要求上进、有能力且有想法的一个人，现在三天两头就要请假早退。她自己很难过，快要抑郁了，自己一步步建立的事业，一点点拱手相让，怎么可能不难过？但有什么办法呢？一面是事业，一面是家庭，根本就是身不由己。就好像是在救火，到了那个关口，根本没法儿衡量价值高低，先救了急再说。"

她最后说："作为一名女性领导者，我可以非常肯定地说，在工作上，女性和男性各有所长，能力上的差距并不存在。但公司毕竟是一台以盈利为目的的机器，那些男性员工可以做到入职后从不请假，状态稳定，甚至结婚前夜、孩子出生前一小时，都能坐在电脑前工作到最后一分钟。我承认这并不是一种人性化的处理方式，可我能用什么样的理由去说服董事会，甚至我自己，提拔一名一个月请假多次、心思明显不在工作上的女性员工呢？"

她说完，大家都沉默了。

职场上每个努力拼命的女人，到了结婚和生育之后，就像是上了发条一样，在家庭和事业之间疲于奔命。纵然一个人的时间可以挤了又挤，精力可以榨了又榨，可时间和精力确实有限，做了这件事就不能做那件事。家庭事务出现问题，女人们赶着用自己的时间去处理它的结果就是，另一半可以不受打扰、心安理得地专心工作。

当然，女人的这种处境可能来自夫妻之间默契的权衡——男人的收益更能保证家庭的最大利益。不过，更大的可能来自婚姻惯性。人们会认为家长里短本来就是女人的事，即使女人提出要求，男人也没有意愿和行动去处理。鉴于事情总是火烧眉毛，与其花更大的精力和男人争执，还不如女人自己在更大后果出现前处理问题。

无论是主动还是被动的选择，最终都造成了一个事实，那就是在职场上，每个以事业为重、永远钉在办公桌后面、被公司认为稳定可靠且尽心尽责的男人，都至少拥有 1.5 个人的能量：自己的，还有妻子至少一半的能量。而在职场上，每个女人只拥有一半到八成的能量，因为她在事业之外必须咬牙兼顾家庭。

女性被自己的性别困锁，在原本竞争力相同的职场上，变成了甘拜下风的弱者。

看起来匪夷所思，对吗？可这就是事实。在今天的中国家庭中，除了女方收入和地位远超男方的情况（我会在后文更加详细地阐述这种情况），按照文化惯性，为了家庭和孩子，被牺牲的一定是女性。即使双方势均力敌，甚至女性的能力和优势略占上风，牺牲女性、成全男性的这个选择也如白纸黑字，铁板钉钉，更不用说在男性势力更强的状况下了。

对大多数女人来说，她们从出生开始，就被不停地灌输"做母亲是重要的"这类思想。然而，相比做父亲而言，做母亲的重要性显然被人为地加重了。"母亲就一定要无怨无悔地奉献一切"，这个刻板形象是如此深入人心，以至于女人们即使倾尽全力，最后也会自责不已，觉得自己没有给孩子创造最好的生活。

不论是家庭还是事业，对于现代女性而言，根本就是一个恶性闭环。无论是社会还是家人，论点都是一致的，既然你没有能力保证家庭的生活品质，那么还是让男人去赚钱吧，你尽你所能去照顾家庭就好。这就意味着这场男女角逐在开局之前就注定是不对等的了，用步枪对抗大炮，请问谁能赢？

让法国女人跳起来的
中国"三八女王节"

有一年 3 月 8 日的晚上，在厨房抽油烟机的轰鸣里，我正为晚饭忙碌时，女儿思迪突然举着我的电话跑过来："妈妈，你的电话一直在响。"

是法国朋友沐沐（Mumu）打过来的，已经打了三次。

在微信普及的时代，打电话只有两个原因：推销、诈骗，或者亲朋有突发状况。我有点儿担心，不知道她出了什么状况，赶快回拨给她。

电话接通了，还没有等我开口询问，她就态度激愤地说："卢璐，你一定要写一篇文章，这太重要了。作为一个女人，你有义务让大家知道，到底什么是'三八妇女节'！"

我问："你怎么了？"

沐沐就职于一家世界知名的法国汽车公司，她是上一年 9 月才被公司派到上海的，这是她在中国过的第一个"三八妇女节"。

她的办公室在一组高级写字楼里面。早上上班，还没有走到写字楼门口，就有很多人在发传单，全都是"三八女王节"当日的商业活动：闺密下午茶，第二人半价；美甲贴睫毛，满1 000元减200元，还送钻；美容院、瑜伽馆的促销……总之，能把女人从头发"武装"到牙齿。

写字楼门口变得像是正在做促销的超市一样混乱，她左推右挤，才终于走进了写字楼。一进大堂，她就看到物业办公室的男员工们并肩而立，穿着一水儿深色西装、白色衬衣，他们的头发打着蜡，神采奕奕、笑容可掬，捧着一大簇玫瑰。每位走进大堂的女人，都会收到他们送上的一枝玫瑰花和两块巧克力。

然后，上午不到11点，办公室就开始骚动，工会联系了一个很有名的蕾丝内衣品牌，在大会议室开"三八女王节"内卖会，数量有限，女员工优先！

这还没完，中午过后，助理来敲门说，公司特许每位女员工休假半天，所以她要回家了。

我说："大公司真好。一般小公司，女人当男人使，一个顶俩，根本没法儿休息。话说，你们的内卖会明天还有吗？那个牌子我很爱的。"

沐沐非常丧气地说："卢璐，这一切，你觉得正常吗？难道你不觉得有问题吗？"

我说："有什么问题啊？公司让你休假，多么体贴啊！原来的3月8日叫'妇女节'，现在改叫'女王节'，就是因为我们女人在社会中，越来越有力量，越来越……"

"不，"她在电话里打断了我，"3月8日，这个女人的节日，是无数女人走上街头，拼命呐喊，甚至是用自己的生命和鲜血，才为其他的女人争取来的权利和自由。怎么能够堂而皇之、开开心心地用这半天的假期去做指甲、做头发、买蕾丝内衣，把自己打扮得美美的，去取悦男人？我无法接受和认同。"

我听了之后，不甚同意。"其实，大多数女人去做指甲、头发，买蕾丝内衣，并不是为了取悦男人，而是为了取悦自己啊。对自己好一点儿，让自己开心起来，学会爱自己，这不也是'女王节'的精神真谛吗？"

"不，"她继续说，"不是这样的。虐待是一种歧视，可是过分保护何尝不是一种歧视呢？女人想要平等和独立地生活，就应该要求彻底改变自己的生存状态和地位，而不是得到一点点小恩小惠，就自以为是地感到被尊重。要知道，只要双方不处于平等的位置，纵然一方和蔼可亲，主人终究是主人，仆人永远是仆人。"

我听她这么一说，觉得有道理，就反问她："那么，在法国，'三八妇女节'那天女人们会做什么？难不成真的去街头示威吗？"

她说："不仅仅在法国，在整个西方，'三八妇女节'是个非常严肃的日子，不会出现针对女人的促销活动和特殊假期。工会或者一些组织会举行一些看起来跟我们日常生活没有关系但时刻在影响我们生活的讨论。比如：分析在管理层女性明显少于男性的原因；如何合理地做到男女同工同酬；如何从幼儿园开始避免因性别差异，使男生和女生之间产生分歧……这些讨论，也许在今年、在当下改变不了什么，但是没有思考、没有讨论，怎么会有行动？"

她在说，我在认真地听，我已经清楚地看到了我们的差距究竟在哪里。

让中国女性觉得备受呵护和温暖的"三八女王节"，转身就变成了法国女人如芒在背的一根针。这一次，我选择站在法国女人这边。

我记得很清楚，再后来有一年"三八妇女节"，有个去法国读书的女生给我留言："卢璐姐，我到了法国之后才发觉，法国真的太不在乎女人了，一点儿也不会保护女人。跟男朋友吃饭付账要 AA（平摊费用）。'三八妇女节'完全没有任何动静。"

我说："可是，你想过吗？不做女性专场促销活动的'三八节'，才是对女人最大的尊重。"

一年 365 天，除了这一天，我们还有 364 天可以去做指甲、喝下午茶、买蕾丝内衣，学着享受生活，对自己好一点儿。但是这一天，只有这一天，我们是否应该认真地考虑和讨论一下，类似女性生存环境与状态的问题呢？

我们总是说，一辈子很短，转瞬即逝。事实上，这一辈子过起来却很长，让我们有足够的时间去学习、改变、接受和领悟。

作为一名成年女性，我在生活中能处处感受到女性的委屈和不平等，很多人非常粗暴和简单地把这些都归结于爱情——"我没有找到那个爱我如至宝的男人"。事实上，这是大错特错的一个结论。每个人都需要为自己的人生负责。

人生是苦的，我们会遇到很多看起来无解的人生痛苦，譬如婚姻的不幸、衰老的恐惧、较差的经济条件……这些苦，有些源于人生，有些源于我们女性的身份，可无论是哪一种，都是可以攻克和改变的。建立自己的内心秩序，让自己持续地成长为一个成熟、独立的人，就可以抵御人生的风雨。这并不是空洞的标语，而是有方法和步骤，可以最终实现的目标。

在这个世界上，没有一个女人是天生的弱者。只要不放弃，我们都可以发现真正的自己，并且成为一个更加美好的自己。

婚姻和家庭，只是人生的一部分

作为一名女性作家，我常常会收到很多女性，尤其是已婚女性读者的倾诉。虽然每个人的情况不同，但是核心问题大致相同：

> 当初，我为了这个家，为了照顾好他和孩子，放弃了事业。结果现在我人老珠黄，他却这样对待我，他凭什么？

说过这类话的人，也许是家人，也许是朋友，也许是同事，甚至是我自己。

这类话可能来自夫妻吵架之后的懊恼，也可能来自被出轨或者被抛弃之后的悲怆。可无论事出何因，说出来总是掷地有声，能引来围观女性的同情。

作为一个中年女人，平心而论，我觉得说这种话的女人并不是想要来一场扭转乾坤的革命，只是觉得自己是委屈的，也是占理的。理直了自然气壮，收获一波社会声援，就可以义正词严地去声讨另一半。

可是换一个角度，我想问：为什么女人们会觉得这么讲就能站在正义的一边，占据制高点呢？

答案显而易见，因为时间一旦消逝就不可再生，是人生中最珍贵的东西。而人生中，稍纵即逝的青春是可贵的，尤其是女人的青春。以普世的观点来说，和男人相比，女人青春的珍贵程度要在正常价值上乘以 2 或 3，甚至乘以 5 都不算过分。所以当一个女人为某个男人耗费她的青春却没有被善待的时候，这简直就是罪恶啊！这个男人应该被口诛笔伐、千夫所指。

可如果我们肯冷静下来，客观地想一想，就会发现事实并非如此。

从鸿蒙初开到现在，就只有两种人——男人和女人，他们以一种互补且无法相互代替的形式共同存在，去完成生育和养育生命的任务。我们有各自的分工与优势，我们相互制约，又相互依附。

在这里，我们暂且不去探究根源，只是就这几千年来人类社会婚姻最普遍的表象"男主外、女主内"这个模式来分析。

作为家庭内务的主要付出者，女性担负家庭日常运转并照顾孩子的重任，这是一项非常复杂烦琐的工作。相对女性而言，男性则被要求出外赚钱、满足家庭需要，这也是一种亲力亲为的为家庭付出。从表面上来看，在一个家庭里，有人主内、有人主外，这不是协作分工、共同合作吗？那么到底应该如何解释，整个女性群体都无法化解的排山倒海般的委屈呢？毕竟委屈作为一种情绪，其存在原因往往是受到了某种不应有的指责或不公平的待遇，那么这种不公平究竟出自哪里呢？

要想解答这个问题，我认为我们先需要退一步，从另一个角度来考虑。

　　作为成年人，我们不得不承认：成年人的世界里，永恒的只有利益！所以夫妻双方会根据客观情况，预估每个阶段的工作收入和发展前景，由此做出决定：到底谁要外出赚钱，谁在内持家，不是吗？

　　如果一个家庭的女人有很好的工作，是某家大公司的总监／律师事务所的金牌律师／职业经理人，年薪上百万元，而男人是个酒吧服务员，月薪五六千元，随时有失业的风险。这时夫妻双方又该如何取舍呢？

　　当然，在今天的中国，这种家庭的存活率很低，来自社会和自身的压力会拼命地把这种婚姻击碎，不过这不是我们的书要讨论的问题。

　　而现在要讨论的是，在这种女性收入和社会地位都明显优于男性的婚姻里，这个家庭是否还可以做出同样的决定呢？比如在孩子出生后，让女人放弃或者"削减"事业，由男人来赚钱养家，导致在后面的人生中，女性成了家庭的"祭祀品"。

　　显而易见，答案是否定的。

　　这种家庭会做出另一种计划，譬如，让男方辞职，请保姆，或者请家里老人来帮忙。

　　虽然大家都认同孩子在婴儿期更需要来自母亲的关爱，可毕竟生活压力那么大，先赚钱保证自己和孩子未来的生活，才是更为理性的人生选择。

　　所以那个年薪百万元的母亲会在产假结束之后就回去上班，甚至会为了保住自己的位置和年终奖，在产假期间就已经开始写邮件、回微信，进入工作状态。一旦开始上班，她就要继续和男同事竞争、出差、加班，拼命保持自己在职场的上升势头，才能支付巨额的育儿费用和维持基本的家庭生活水平。

我举这个例子，只是想说明一件事，在每个人的人生中，无论是婚姻还是事业，无论是女人还是男人，都是以利益为先的。

这种利益被称为人生利益，包括但绝不限于钱和财产，还有生活的舒适度、感情的亲密度、个人成就带来的价值感等精神层面的东西。总而言之，人生利益就是一个人期望在自己的人生中得到好处的总和。这种好处，是包括物质和精神两方面的。

一个人拥有越多的人生利益，他的人生就会越幸福，满意度也就会越高；反之，就会活得越艰难和痛苦。

所以，每个人的人生核心动力都是一致的：尽可能地获得最大份额的人生利益，让自己的人生越来越好，活得越来越舒适惬意。

一旦理解"人生利益"这个观念，再看婚姻，就很容易理解了。无论是哪一种家庭组合形式（女主外、男主内，或男主外、女主内，甚至包括今天被女性深恶痛绝的丧偶式婚姻），其存在的核心原因都是一样的：在现阶段，夫妻双方能够通过这些组合，获得"最大家庭共同利益"。

也许有人会觉得奇怪，既然都已经获得"最大家庭共同利益"了，那为什么在今天，已婚女性还会遇到这么多的问题和苦恼，甚至普遍觉得举步维艰、痛不欲生呢？这甚至导致整个社会"恐婚"严重，结婚率下降，离婚率上升。

　　问题就在于"最大家庭共同利益"指的是夫妻双方能够获得的最大共同利益，是一个核算过性价比的相对值，并不等同于每个当事人对人生利益的最高期望值。这就好比在职场上，每个人都希望月薪至少 10 万元，然而现实是很多人每月到手的工资还不到6 000 元。

　　这是一种实际存在的矛盾。如果我们的实际行动仅仅是在办公室里痛骂老板黑心，往往连那 6 000 元的工资也没了。所以，抱怨是没有用的，有用的行动是，积极思考到底怎么样才能靠近自己的人生目标。

　　虽然职场是职场，婚姻是婚姻，可人生中很多道理的底层逻辑都是一样的，明白了这里，也就明白了那里。

　　在我看来，让现代女性深陷困扰的婚姻在"最大家庭共同利益"之外，有另一个重要的问题——家庭共同利益的分配。

　　每一桩婚姻都是由两个独立的个体一起组建的共同体，两个人达成共识，一致向外争取"最大家庭共同利益"。可是到了婚姻内部，这时候，两个人的立场就变了，从一致对外、共同奋斗的拍档，变成了竞争对手。当如何分配共同利益成了主要矛盾时，双方就会针锋相对，互不相让。

　　每个人都是主观的，都觉得自己的付出更多，创造的价值更大。"既然劳苦功高的那个人是我，那我就理应分得更大份额的利益，从而在日常生活中成为更强势的一方，获得更多的尊重、主动、话语和决定权。譬如，当两人持不同观点时，能按照我的意愿执行；当我有需要时，要优先满足我……"

　　所以对于女人而言，与其把人生不幸的原因归结为婚姻的问题、男人的问题，或者是现代爱情不靠谱的问题，不如在痛苦和委屈中沉寂下来，冷静客观地思考一下自己对于人生和婚姻的期望是什么，自己能够创造且擅长的是什么，以及自己期望在家庭中达到的状态是什么。女人并不应该一味地被困在长久以来的刻板印象中：女人就应该顾家，就应该照顾孩子。其实，在不再以体力而是以智力作为价值衡量回报的 21 世纪，有好多女人更适合去赚钱，真的。

　　终于写到我的结论了。今天的女人，无论是在婚姻中还是在婚姻之外，之所以觉得不公平、委屈，更多的原因是被剪掉了翅膀，别无选择地成为妻子、母亲，洗衣煮汤，站在男人背后的阴影里。

　　我这么讲，并不是说"男主外、女主内"的模式是不对的，更不是想要呼唤所有的女性都拒绝成为全职主妇。事实上，在现实中，有很多女人把全职主妇的日子做成了风花雪月的诗，其中最大的区别就是，她们这个选择到底是如何、在什么情形下，是主动还是被动做出的。

　　在我看来，人生无论做什么，都是一场博弈。博弈的前提就是自己的付出和实力。如果你选择做一个需要被照顾的弱者，那么对你来说，天平的指针就永远都是偏离的。

　　我们是女人，但我们首先是独立的人，拥有自己独立的人生。我们的人生包括：从童年到青年再到老年的成长，做过的每份工作，每个爱好，经历的每一份悲苦和欢喜。而婚姻，和家庭、孩子一样，只不过是我们人生中的一部分，是我们人生某个时间点上的一个选择。

　　所以，当我们在人生中遇到了问题和困惑，感觉不开心、不幸福的时候，若是把人生的每一部分切割开来，诊断问题究竟来自婚姻、职场、个性还是原生家庭，未免有点儿盲人摸象般的狭隘。这时候，我认为最中肯的办法是，跳出局限，把所有问题综合起来，从人生的角度来考虑。事实上，作为一个成熟、独立、能够为自己负责的人，即使你并没有遇到人生危机，也需要不断反思，譬如下面的一系列问题：

　　• 我是谁？

　　• 我是个怎样的人？

　　• 我想要获得一段怎样的人生？

　　• 我对我人生的哪个部分满意，对哪个部分不满意？

　　• 我希望如何安排我的事业和婚姻？

　　• 当初和现在，我究竟为什么选择"刹减"自己的事业？

　　• 针对我人生中所有的不如意，我该如何改进？

　　………

　　这只是我列出来的一些普通的、有共性的问题。我真心建议读到这里的人停下来，找一张白纸和一支笔，认认真真地思考，并且把自己的想法和问题记下来，带着这些问题再来读这本书。

　　沉下心来，用客观的态度去考虑自身状况。改变是成长的第一步。要知道，从盘古开天地开始，女人就从来都不是弱者。

第 二 章

有能力，
更要有野心

当有人把你捧在手掌心时

"好命"是每个人都想要的，当我们说一个女人很好命的时候，99.9%的人的直接反应是她嫁了一个好老公。如今，好老公的定义是：第一，能赚钱；第二，肯为她花钱；第三，肯给她婚姻和名分……然后才是爱她、对婚姻忠贞、对孩子好等其他条件。

如果一个女人的成功和她的钱都是通过自己的努力获得的，基本上，大家要停顿一秒，迟疑着说，这说明这个女人有能力、有拼劲，但她算不上好命吧?

在大众的心里，女人的好命，就是要找个有钱的好男人。

在我国，无论是大千世界里看到的那些故事和道理，还是亲人朋友等最亲、最爱、最可信的人，都在说：女人不要太辛苦，女人不需要去赚钱，女人不需要去拼命努力。对于一个女人来说，就算靠自己的辛苦和努力爬上一阶，也并不体面，悠闲轻松才是一个女人应有的最美好的人生。

最让女人心动的情话，第一名一定是："我养你。"而第二名是："我来搞定一切。"在传统意识中，最尊贵的女性是不需要动手的。可世界上哪有免费的午餐?所有的获得都要用付出来交换。

今天，绝大多数好女人的人生轨迹大致都是相仿的。

- 从出生到长大，被父母捧在手心里尽力呵护，但也在父母的掌控下，努力学习，一直到大学毕业。
- 在大学毕业之前，相对开明的父母，对于男孩子和女孩子的要求基本是相同的——好好学习，别惹事。
- 大学毕业后，当每个人都要面对找工作、养活自己、学着独立承担自己人生的时候，父母对女孩子和男孩子的要求就有所不同了。女孩子，只要有个职位就可以了，至于这个职位能不能给她提供足够的经济来源和价值成就、帮助她实现经济和人格独立，并不是显性的可评论指标。相反，时间却是个硬性指标，所以在这个阶段里，女人的压力并不是独立，而是结婚。
- 在结婚这个问题上，虽然表面上女孩子和父母的看法往往不同——父母一定希望女儿能够找到一个无论是物质上还是精神上都妥帖靠谱的男人，而女孩子总是希望能够找到一个深爱自己、会把自己宠成公主的男人——可在内核，父母和女孩子对于婚姻的需求根本就是高度一致的，那就是把女人的人生状态都寄托在某个未知的男子身上，由他来负责女人的幸福。
- 确定结婚对象之后，虽然婚礼的消费标准和量级都不一样（有人去马尔代夫度蜜月，有人摆露天的流水席），但在这个阶段，女人最大的压力大概就是心仪的酒店有没有档期、蜜月旅行应该去哪里、自己婚礼的隆重程度是不是一定能超过闺密的等。

而在上述所有时段里，男人们唯一不变的动力也是压力——努力工作，拼命赚钱，建功立业。

这看起来就是正常且普通的人生啊，然而没有人觉得其中有一个很大的问题吗？

在我看来，问题就在于在今天的社会中，女性的人生被设计成在生育之前的任何阶段里面都没有必须承担的独立责任。

男性一定要上大学，而且要上名牌大学，不然就不能养家糊口。而女性能考上大学最好，实在考不上，找个好老公就行了。

男性一定要赚到钱，为了赚到钱，要不停努力地持续成长。而女性赚不到钱，找个好老公就行了。

男性要有一个能够持续发展的职业，而不仅仅是工作，毕竟身份决定着阶层和社会地位。而女性有份工作打发下时间就好了，没有也没关系，找个好老公就行了……

对于一个女人而言，当把人生的所有赌注都押在找到好老公就行这一个点上时，结果就是，只要找个好老公，一切就会迎刃而解；没找到好老公的话，人生就很糟糕啦！

然而对于女性，尤其是找了"好老公"的女性来说，难道从她找到"好老公"那一刻开始，她的人生真的就会变成一条平坦的大路吗？

完全不是这样的，没有人会拥有一生一世、唾手可得的轻松。

因为在现阶段，女性的责任都被集中在婚后，尤其是孩子出生之后。突然之间，女人从被人捧在掌心的小公主变成了做饭、洗衣服的"老妈子"，兼做"奶牛"、保姆、司机、厨师……做母亲又是女人的一种天性，以至于内部天性再加外界捆绑，混合起来就化成了一种无处可逃、无法推卸的职责！

公平吗？不公平。在我看来，这体现了两种不公平。

第一种不公平，是没有被赋予知情权的不公平。

从小到大，社会和家庭有意制造出一种"女孩子就应该被宠、被呵护"的假象，导致大多数女人在成年之后，只不过是一个生理成熟而心智不独立的孩子，完全没有做好独自承担责任的准备就匆忙上阵。

这就好像受邀请去参加酒会，穿着晚装、高跟鞋来了，结果进来就被锁在房子里推磨碾豆子。这根本就是一种社会默许的欺瞒，怎么能够不委屈？

第二种不公平，则源于从传统社会沿袭下来的对于男女的要求和分工。

男人的责任是赚钱养家，女人的责任是生娃养娃。可钱赚起来有快有慢，而且更有很多会心疼儿子的父母在背后帮衬，那么这个男人的责任势必会减轻，但他依然可谓扬眉吐气地完成了分内责任。

可是对于女人而言，娃生出来、养起来，基本都要亲力亲为，如果完全靠老人和保姆带，孩子的成长就会不一样。面对人生责任，女人没有任何推脱、偷懒和松懈的可能。

实事求是地说，中国女人是非常有耐力、能干且能吃苦的。为母则刚，在生了孩子之后，她们都能在最短的时间里做出改变，迅速成长，撑起自己的人生。可是遭遇不公平依旧是她们跨不过的坎儿。

女人们唯一的选择就是一边被动、不情愿地开展工作，一边满心不悦地抱怨遇人不淑、命运不公。原来人生根本不像小时候在童话里看到的样子——只要找到一个王子，人生就会被安排得妥帖无比。

关于这一点，我想很难有人会写得比西蒙娜·德·波伏娃更精辟。

她在《第二性》中说："男人的极大幸运在于，他，不论在成年还是在小时候，必须踏上一条极为艰苦的道路，不过这又是一条最可靠的道路；女人的不幸则在于被几乎不可抗拒的诱惑包围着；每一种事物都在诱使她走容易走的道路；她不是被要求奋发向上，走自己的路，而是听说只要滑下去，就可以到达极乐的天堂。"[①]

"滑下去到达极乐"的代价，就是女性在原本平等、可以相互选择和尊重的两性关系中，不再拥有选择权、决定权，不能独立，只能依附，只能以软藤的形式缠着树，自己成不了一棵树。女性不可能再按照自己的想法去支配自己的人生，至于"野心"这种话题，是莫要提起的，否则自己都会觉得羞耻。

女性无论是在职场还是在家庭里，即便是做个"小女人"，也要有自己做"小女人"的诉求，正视自己和心中一直被压住的那股蠢蠢欲动的念想，那就是一种叫作"野心"的东西。

我们都应该做个有野心且敢于承认自己有野心的女人，然后从现在开始，修炼实现自己野心的能力。这个世界上最长的路其实是我们的心路，这个世界上最难说服的其实就是我们自己。

---

① 西蒙娜·德·波伏娃.第二性［M］.陶铁柱，译.北京：中国书籍出版社，
2004：728.

女性的价值，体现在哪里？

有一次，我去北京出差，周六傍晚回到上海。那天，正好有住在机场附近的法国朋友请我们吃晚饭。我下了飞机，直接拖着箱子，和我先生一起去赴宴。

我们到的时候，另外两家客人都已经到了。尽管是小型家庭聚会，太太们也都化了妆，珠光眼影衬着丝绸衬衫。相比较来说，风尘仆仆赶来、穿着高领毛衣和深色西裤、妆已经花到近乎素颜的我，带着点儿不着调的朴素。我只能道歉说，从机场赶过来，没时间补妆。

餐前小食被安排在沙发周围，我们三位女士坐在一边。有位太太突然开始讲起她过去在巴黎的工作经历，话题有点儿突兀，大家都接不上。她讲了半天，转头问道："如果有一天你家先生要被派到另一个国家，你是否会为了家庭辞职？"

我明白了，她担心我这个职业女性会轻视全职太太，觉得她没有工作、没有价值。我笑道："怎么会呢？我也做过几年全职太太，一手带大了两个孩子。"我这么一说，对面的两位全职太太一下子轻松了——"确认过眼神"，就可以重新讨论类似口红色号的问题了。

如今在国内，大家在提到西方社会的生活方式时，第一反应仍然是穿西装的先生、不工作的太太、几个孩子和一幢独栋别墅。大多数的中国女性对于西方女性都有一种前置的羡慕。曾经有女人到欧洲旅行，看到街上有那么多男人在推着儿童车，就发出无比羡慕的赞叹：欧洲女人不上班，还不用做家务，人生多么惬意！

但现实并不是这样的。

在法国，在我婆婆这代人里还比较容易找到一辈子都在做全职太太的女人，可是到了我这一代，终身全职主妇已经少之又少了。鉴于欧洲社会福利比较优渥，女性在产假之后，可以根据自己的意愿选择几个月或者一年的母亲假，或者缩短工作时长，从原来百分之百的工作时间，变成五分之四或者三分之二的工作时间。而今天在欧洲能找到的完全不工作、没有收入、做主妇的女人，多半是因为经济条件、自身健康、学历资历、语言等方面的问题找不到合适工作，而不是选择不工作。

在今天欧洲社会的共同意识中，男人外出赚钱养家、女人在家相夫教子的观念已经被摒弃了。

家庭是社会的细胞，男人和女人既要在家庭内部履行自己的责任和义务，也必须要以自身的力量为这个家庭创造和采集额外的附加值。这个外部附加值并不一定都是钱，却一定是生养孩子、管家持家之外的某种价值。

譬如，人人羡慕霍启刚和郭晶晶的婚姻，但这幸福是有前提的，因为郭晶晶不仅仅是奥运会跳水冠军，更是世界运动史上含金量最高的冠军之一。和其他豪门相比，霍家特别注重体育。体育对于霍家而言，不仅仅是家庭成员的兴趣爱好，更是整个豪门外交的策略和手段。两个人的婚姻之所以幸福，是因为他们在价值上是对等的。

然而在现实中，钱是计算价值最简单直接的方式。

我来举一个例子。

我们需要向别人描述一栋美丽到令人惊叹的房子。我可以说，这是一栋很漂亮的房子，四面都是落地窗，可以看得到日落和日出；房间里铺着橡木地板；客厅中还有羊毛地毯、做工质量很好的铜制茶几和皮质沙发，看起来既奢华又舒适……为了凸显这栋房子的美丽，我还可以写 3 000 字。

当然，我也可以用第二种方式来叙述，只需要一句话："这是一栋价值 5 000 万元的房子。"不需要描述任何细节，所有人都会立刻惊叹到捂住嘴巴："这栋房子一定非常美丽。"

走出丛林和石器时代的人类已经不需要去狩猎和摘果子了，无论是否愿意，金钱成了衡量人生成功与否的重要参数之一。在现代社会，赚钱不仅仅是为了满足自己的人生需求，更是成为一种有效保持自己人生活跃度的必要方式。

这个结论看起来对那些全身心为家庭付出的女性相当不友好，这等于全盘否定了她们对于家庭付出的巨大价值。

写到这里，我想一定会有另一种声音对我说："你太忘本了！一旦转型，就露出了职业女人的优越感，给谁看呢？"

家庭、家务、孩子占据了至少二分之一或者更多部分的人生，人人都觉得做主妇辛苦，但却没有人愿意为给家庭做出巨大贡献的女性正名，这是为什么呢？为什么今天的社会如此市侩，在女性生育期之外，人们总是有意地拔高"赚钱"这件事的意义？

每个女性在人生的某一刻都曾试图用薪水计算自己的付出，类似：做保洁加煮饭的阿姨，一个月至少要六七千元；随叫随到、随时等候的司机，一个月也要六七千元；给孩子辅导作业的大学生，一小时要 150 元，每天两个小时，一个月要 6 000 多元……所以，"母亲才是这个世界上最昂贵的职业"，不仅身兼数职，而且 365 天、24 小时永不休假。如此付出，为什么老公还能蔑视自己的付出和价值？

其实，虽然这个世界上总有神经大条、不懂珍惜的男人，但老公毕竟是天天都和你生活在一起的，如果解决了自家老公的认知问题，就可以解决女性地位低下的问题。那非常容易——罢工 48 小时就可以。

根据我自身的年龄增长和社会角色的变化，我思考良久才想明白：我认为这是一个社会价值主导群体价值的问题。

把女性对家庭付出的价值按金钱的标准衡量之后，这个结论更多的是来自整个社会的一种刻板印象，源于男人，更源于女性对于自身价值的迷茫与不确定。

一个全职妈妈或者"隐形"全职妈妈把大量时间和精力投入家庭，每天充斥人生的是：清洁、整理、煮饭、看护……的确，这些都是工作，但都不是太具有社会附加值的工作。如果不是做了母亲，有多少受过高等教育的女性愿意以保姆、保洁、司机的工作作为自己的职业呢？从某种程度上说，这是一种社会资源浪费。

作为昔年的全职主妇，我想没有人比我更能了解全职主妇价值不被肯定的焦虑，所以我并不认同通过某种规范化的手段把女性为家庭做的每一件事情明码标价的形式，这种用金钱换算来缓解女性焦虑的形式，会使对女性价值的评估受到局限。

在我看来，未来更加合理的模式是重新进行男性和女性的分工，女性要走出家庭，创造价值；而男性要回归家庭，比起现阶段，花更多时间和精力来承担家庭的责任和义务。这才是男人和女人真正的对等。

具体到某件事，就是一种性质上的对等，并不一定是一种 50% 对 50% 的对等。就像我那篇全网浏览量过千万的文章《姑娘，请付了自己这杯咖啡》里写的那样，譬如说，男人付了晚餐，女人就付咖啡；男人付了电影票，女人就买爆米花；女人做了饭，男人就要收拾一下桌子；女人打扫了屋子，男人就要去倒一下垃圾……有的男人更善于处理家务，有的女人更适合外出赚钱，或者反之。总之，每个人都把自己擅长或不擅长、喜欢或不喜欢的事摆在桌面上，根据情况，两个人分工，达到真正意义上的平等。

生为女人，我们生在最好的时代，终于可以不依靠别人，有了独立的可能性。但我们也生在最"坏"的时代，我们还习惯于把自己放在一个次要的、依附的位置，这与正在开放的环境越来越难兼容。女性要建立自我独立意识，无论是在社会还是在家庭中，都要拥有自己的位置，这才是一种更加公正公平的选择。

我的后半生，
一切才刚刚开始

几年前，有个猎头通过领英找到了我先生，向他推荐了一个管理层的职位。这个职位不仅仅要带领团队，而且对技术有很高的要求，还要至少 15 年的从业经验。

初试、复试过后，双方进入讨论薪酬的阶段。这时对方总经理说了句玩笑话："如果您是一个女人，提出高 10% 的薪酬，我们也没有问题。"

刚开始我很不理解，这不是应该以能力来选择候选人吗？为什么性别会成为导向性的因素呢？

后来，我在聚会上跟朋友们说起这个细节，才发现原来我们遇到的不是特例。

现在一些公司，尤其是大型企业，为了向社会和大众释放公司注重女性地位的很正面的某种信号，会给人力资源部门一个内定的任务份额，尤其是在女性候选人稀少的技术岗位，或者某些到了一定层面的领导岗位上，女性需要占有一定比例。

一家公司要实现利益最大化，所以一旦找到一个基本符合条件的女性候选人，就会出现条件放宽的情况。我们甚至听到过一些回音，有些人就是因为类似的"政策"，纯属破格被提拔，本身其实并不能胜任。

乍一看，这简直是天下女性的福音啊！时代真的变了，变得对女人如此友善，不惜用不平等的条件来保护女人的权益和地位，可喜可贺！

实际上，这真的是一个喜忧参半的故事。

从正向角度来说，很明显，女性影响力已经成了所处国家及地区发展程度的标志。越发达的国家和地区，女性在社会中越有影响力，无论是工作职位还是家庭决策的主导地位，都是如此。

然而，稍微思考一下，聪明的人就会明白其中的道理。

在今天，请问有人会拉一条横幅，写一句"保护男人"的标语吗？不会。请问会有公司规定男性员工的占比份额吗？更不会。

男人不攻击你、不控制你就不错了，怎么还需要保护呢？

没有行为能力的老人需要保护，残疾人需要保护，妇女和儿童也需要保护……当我们需要保护某个群体时，唯一的解释就是我们认为这个群体比较弱。

对于一个女人来说，当她处于没有行为能力的孩子或者老人阶段时，社会保护她是一种对生命的尊重，可是当她处于具有完全行为能力、精力充沛、耳聪目明、正当壮年的阶段，仅仅因为性别就被认定需要保护，而且她想当然地接受保护，这不就是一种凄凄然的脆弱吗？

所以说，以牺牲平等条件为代价、要求女性候选人达到份额的做法，压根儿就不是一种女性领导力的胜利，而是男权为了权衡矛盾举起来的一块遮羞布。遮羞布再美，也无法改变在当今社会中女性是弱势群体的事实。

2017 年，职业女性社区励媖中国和德勤中国一起做过一份调查，主题是"2017 女性、职业与幸福感：数字时代女性职场影响力"，它们和不同城市的不同公司合作，以自愿参与的形式填写问卷，最后回收并且确认了近 3 000 份样本，其中 57.17% 是女性，42.83% 是男性。

其中有一个关于领导抱负选项的结果，如图 2-1 所示。

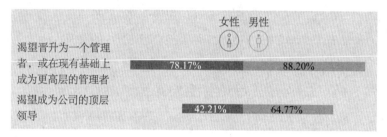

图 2-1　女性领导力之领导抱负调查

我们从图 2-1 中可以清楚地看到，在职场中，大多数女性都是有上升意愿的，她们希望能够提升自我价值和影响力。然而事实上，能够进入中层的女性基本就已经被"腰斩"了。

我想，看到这里，所有人会立马想到一个最显而易见的答案：生育。

基本上，每次说到女性的社会生态，最先被讨论的问题就是：生育对于女性的消耗和伤害。即使现在医学已经非常先进，怀孕、分娩还是会给女性带来实质性的困扰。这个先天不对等的条件真的是残酷的杀手，可以扼杀女人的诸多努力。

所以，很多人习惯性地把生育的困难和痛苦推到顶峰，以此来体现女性对于社会的贡献，以及女性在社会中不可缺失的地位和价值。

事实上，在我看来，对于女性的人生来说，要把生育本身和生育之后的养育阶段分开。女性生育对于整个人类的贡献和价值是有目共睹的，也是被承认的，所以在全世界范围内，一切和生育本身有直接关系的部分都在被非常坚决地执行，譬如说带薪产假、怀孕期间不得被解雇等。今天持续困扰女性的，其实是女性可持续发展的问题。

在产假之后，女性要面对孩子的养育问题，带孩子看病、接送上下学、参加家长会……由此不得不只花八成、五成，甚至三成的心思和精力来处理工作。这也是前文提及的，那位国企女性 CEO 说的现实。

如果你是一个有任免权的经理，你的年终奖和你聘用人员的人力应用值挂钩，你会聘用谁呢？是一个身怀六甲或者正在备婚备孕的女人，还是一个即便能力不如前者却可以长期随时待命的男人呢？更加现实的问题是，那个长期稳定随时待命的男人的能力并不会很差，否则他早就被其他竞争者淘汰了。这是一个根本不用"两利相权取其重"就能做出的决定，而这种事实已经严重影响那些生育之后想要认真回到职场的女性。

有个读者给我讲过她的人生。

她是"985"大学的毕业生，有拿得出手的工作资历，生完孩子想复出时，她最初投的简历完全石沉大海，没有回应。

她请教了做人力资源的朋友，重新修改了自己的简历，把"已婚并且已育二胎"这条写在简历的最上面。形式虽然很怪，但这是开门见山地表明态度：她的人生任务都已经完结，现在需要好好工作，努力赚钱。

很快她就接到了面试通知，即便如此，在面试的时候，面试官还是看似和蔼地跟她拉了好一阵子家常，把她家情况问了个清楚，知道了她婆婆身体不错，老公是公务员，确定她不会被带娃、照顾家庭等事情困扰之后才正式录用了她。这一情况说起来真的挺憋屈的。

我做全职主妇的那些年中最常接收的信息是："你一个连自己都养活不了、与社会脱节的家庭主妇，能有什么讲话的资格和见地？回家带孩子去吧。"这就是社会上很多人，甚至包括许许多多女性本身，对于没有社会地位的女性的认知。

在很长时间里，我都一直在考虑一个问题，今天的女性是不可能通过一种薪资计量体系把家庭主妇正式规范合理化，将其变成一种职业的，这是有违社会进程的一种趋势。我们当然应该学会尊重别人的付出，尤其是女性的付出，但是要想改变今日女性的困境，我们就需要改变女性立足的基础，那就是不能困守家庭，不能只考虑赚不赚钱，而是要在社会中拥有一个身份和属于自己的位置。

阻碍你的，
是能力还是野心？

对于我的家庭来说，我成为全职妈妈完全是一个没有提前规划的意外方案。全职了几年之后，我开始写作，并且成为一个创业者，现在有自己的公司和团队，并完成了与未生育时的工作——饰品公司区域形象代表之间的职业转型。

很多人采访我，问生育对我的职业影响的时候，我都回答了同一句话："如果今天的普世标准可以认定我是成功的，那么我成功的原因源于我的生育。"

是的，生育没有击毁我，反而成就了我。对我而言，如果没有我因生育而停顿的那几年，没有全面照顾孩子而练就的责任感，没有从女孩子到母亲一系列的成长和蜕变，没有孩子的困扰，我就不会这么疲惫，也不会崩溃那么多次，我会有很多自己的时间去消遣，但是我不会走到今天，拥有今天的位置。

鉴于自身的经验，我很反对把生育作为女人人生中最大的障碍的论调，这种论调太悲观，要想清理这个障碍，女性就只能做手术变性或者绝育了。

事实上，我们要改变的并不是女性生育本身这个事实，而是女性是否能找到一种突出重围的方式，获得与男性平起平坐的机会。

我有个很好的女性朋友鲁比（Ruby），她就职于一家非常著名的国际性汽车企业，任职中国区人力资源部的执行总监，专攻企业人才库建设、培训和发展。

我问过她一个问题：在当今的职场上，女性领导人进入有执行权力的管理层的上升之路到底卡在了哪里？

作为一个女人和一个资深人力资源职业人，这也是她长久思考的一个问题。鲁比直言不讳地告诉我："根据我的认知和思考，我认为，第一，有野心的女人很少；第二，敢于承认自己有野心的女人更少；第三，有能力实现自己所承认的野心的女人更是凤毛麟角。其实女人不能在社会、职场，甚至包括自己的人生和家庭有更多的领导力和更大的影响力，并不是因为她们没有能力，而是因为她们从未有过野心！"

我有点儿诧异，也有点儿不舒服，她为什么用了"野心"这个词，而不是更加有正面意义的词"抱负"。因为在中文中，"野心"基本上是一个贬义词，指对于权势、名利、金钱等过分的贪欲。

当我们用"野心"形容一个男人时，会说"这是个有野心的男人"，虽然是贬义，但这可以给他罩上一层不可一世的狂妄与霸气。可当我们用"野心"来形容一个女人的时候，就只剩下了无限遐想的揣测。一旦人们说起"这是个有野心的女人"，我们就会联想到，为了达到自己的目的，这个女人究竟会多么不择手段，甚至恬不知耻！

然而，我略一思索，旋即明白了其中的含义。

如果面对自己整个人生的进取都不敢用"野心"一词，只是去一本正经地谈论自己是有"抱负"的人，那你怎么可能有力量去为自己拼命？讲到这里，我忍不住叹一声，中文真是博大精深。

鲁比又追问："你知道这三步中，在哪一步被淘汰的人最多吗？"

我理所应当地说："当然是第三步，要有实现自己野心的能力。在当今社会中，跟男人竞争，还要证明自己的能力，这是件多么难的事情啊！"

她笑着摇摇头说："不是。对于男性来说，在职场上升过程中停顿大多是两个原因，要么能力不足，要么机会不足。但是，大多数女性根本走不到需要证明自己能力的第三步，她们在第二步'敢于承认自己有野心'时就已经放弃了。你想想，今天有多少女人能够顶着世俗观念、直面自己、承认自己有野心，并且准备好为了自己的野心倾尽全力地付出？毕竟在很多女人的潜意识里，衣食无忧但没有作为的女人才最有福。"

我记得非常清楚，我们是在沪上一家有名的高级日料馆里讲这番话的。这一下子打开了我想了很久都难以解开的心结。

经过几年的努力，在自媒体这个行业中，我已经做到一定的量级，而过了红利期进入稳定期的自媒体想再爬升一个级别是非常难的事情。那阵子，我都在考虑，我下一步究竟应该怎么走？是停留在当时的阶段，得过且过地混日子，还是继续努力，把摊子铺大，找到其他的变现方式？

如果选择后者，那我就要注册公司、正式组建团队，因为这不是我一个人能够做到的。经营一家公司和码字不一样，那是我不了解且更不擅长的事，我不仅要主动投入更多的精力和体力，还会面对更大的压力和责任。

是的，即使是我，在很长的时间之内，也不敢面对自己的野心。

你敢不敢承认自己到底多努力？

被醍醐灌顶地提点之后，我平心静气地想，我不仅仅是不敢正视自己的野心，甚至还会刻意选择忽略我的努力。

很多人都问过我一个问题："当初你是怎么开始想到做公众号的？在全微信 3 000 多万个公众号里面，你是如何让自己的公众号脱颖而出、聚集这些人气的？"

在很长一段时间里，我总是嗫嚅地回答："开公众号很偶然，就这么一路写下来了，全凭运气。"

这是实话，但却是一句选择性的实话，整个过程中，有很多细节，我并没有说出来。

当初，我是通过百度搜索到，原来大家在朋友圈里面转发的图文链接源自公众号，然后，我搜索到了公众号的官网。

最开始写公众号时，我的微信里只有不到 100 个联系人，而且至少一半都是看不懂方块字的法国人。开始写出些名堂之后，我又以家庭主妇再就业的姿态出现在大家面前。很多人都觉得，就像是其他自媒体大号一样，我即使在做家庭主妇之前，一定也是文字工作者，比如报社或电台的编辑、记者，或者至少是广告公司策划文案，再不济也是中文或者传媒专业的毕业生。

说真的，即使到现在，就新媒体行业来说，真的很难找出像我这么纯正的、毫无文字渊源的"草根"了。

如果这算是成功，那么这种成功是有代价的。这几年，我写了700多万字，没有一天休息，无论身处世界何地都拿着手机、抱着电脑，工作第一，倾尽全力。

所以，当我说我不过是顺势而为的时候，虽然这是无意识的话，但我其实完全抹杀了个人努力。

最初我并没有意识到这有什么问题。我的公众号风格偏向女性成长，我结交的其他作者都是女性。面对同样的问题，大家的回复大同小异，三观一致："没做什么努力，写着写着就写到这种境地了。"有点儿谦逊，有点儿内敛，更有一点儿若有若无、命中注定被选择的沾沾自喜。

直到有一天，我去参加了一场关于新媒体的分享会。新媒体是一个综合项目行业，包括女性、亲子、美妆等，多以女性创始人为主，但是财经、科技、汽车或运营领域，创始人多是男性。

这时再说起上面的那个问题，我发现男人回答的调性和女人完全不同。男人会用几秒感谢一下飞速发展的自媒体时代。接下来话锋一转，他们会花大把时间讲自己如何含辛茹苦、兢兢业业、废寝忘食、眼光独到地找到立足点，如何带领整个团队杀出重围……总而言之，他们说的一堆话大抵是一个意思：这个时代很牛，能做出微信的腾讯也很牛。牛人都是扎堆儿的，可这里面最牛、最厉害的还是有思想、有见地、有手段、有执行力的我。

　　不仅如此，在谈到对于自己平台的展望和规划的时候，男性创始人都能够自信、自豪地围绕自己近期、中期以至远期的规划侃侃而谈。作为同行，我能够清晰地判断出，他们满嘴"跑"着的新媒体术语只不过是为了掩饰自己计划的模糊程度，甚至有些计划明显幼稚到没有可行度，但我不得不佩服，在台上，他们的自信点亮了他们自己。

　　我听着男性创业者的发言，再回想一下自己的发言，简直是天壤之别。那些男人被主持人夸赞时，普遍昂首挺胸，一副"我是救世主"的派头。而我在被夸赞时，却感到局促不安，恨不得找个地缝儿钻进去。我意识到了自己的问题，但这绝不仅仅是我一个人的问题，它充分体现出男人和女人的性别差异。

　　我听过携程旅行网 CEO 孙洁女士关于女性领导力的一场分享会。她讲到一个观点：如果你想在职场晋升，那你就必须在别人没有要求你甚至拒绝你之前就主动开始做，积极展示自己的能力。

　　在做 CEO 之前，她是公司的首席财务官，顾名思义，正常情况下她只需要管和钱有关的部分就好了。事实上，她在公司里什么都管，只要是没有人愿意管的事情，无论大事小情，无论公司有没有给她相应的报酬和名分，她都在管。就是因为她充分地展示了自己的才能和职责，后来她才能顺利地当选 CEO，因为在履职之前她就已经开始担负着 CEO 的职责了。

　　她还讲到一种算是"奇怪"的现象，每次有重大人员任命，或者开始做年终评定之前，总会有一些男人悄悄挤进她的办公室，向她陈述自己为公司做出了多少业绩，以及自己应该被提拔或者奖励的理由。相反，对于这些"实惠"或者"利益"，女人们就显得非常谦逊，哪怕她主动找到她们，她们的第一反应往往是："我可能不行，我只是做了自己分内的事情，我还需要继续学习、继续努力……"

要知道，机会对于谁而言都是难得的，机会来的时候，要主动伸手才有可能抓住。一生习惯于被动的女性，不敢自我肯定，纵然做出了成绩，也会惴惴不安地等待别人给自己做出评定、写出评语，根据别人打出的分数来肯定自己。

很多年前，因为表现出色，我先生在新的项目中从助理升到了经理。可事与愿违，这个新项目在推进了三个月之后"难产"了，项目冻结，项目组解散，项目组人员要内部再就业。

人力资源部门给他推荐了几个助理级别的职位，都被我先生拒绝了。他说，他要找经理级别的工作。

人力说："可你只做了三个月的经理，项目就被冻结了，你并没有展示出你做经理的能力。"我记得，当时我先生跟我讲的时候，我心里也是这么想的：才做了三个月，项目就停了，真的没有什么资历。

没想到我先生掷地有声地说："在上一个项目里，我已经展示出我有做经理的能力，所以我才能成为经理。项目冻结是公司发展方向决定的，又不是我个人工作失误导致的，为什么要抹杀我，把我的努力清零呢？"

我听了之后，心服口服地大力鼓掌。他说得太对了，为什么要抹杀自己的努力？就是因为他的态度，人力之后给他推荐了其他项目的经理职位。

再说回我们女性。有很多职场女性不仅不敢面对自己的野心，甚至不敢把自己的努力提到桌面上去计量自己努力的价值。要知道价值感并不仅仅是一种社会评定，更多的是一种自我评定。如果一直否定自己，那你就算能产生更多的价值，也没有意义。

张爱玲说："花自己的钱是成就感；花男人的钱是幸福感。"这几千年，女人们已经习惯用幸福感来蒙蔽自己，然而现实却是：没有成就感的女人根本不会懂得什么叫作幸福。

在夜深人静的时候，当我面对每一次抉择时，我的心中仿佛有两个正在打架的小人：一个在说，能做到今天太不容易了，一旦松懈，很可能再也跟不上整个行业的频率，会越来越萎缩，甚至有可能被淘汰，到时候，会不会有点儿可惜呢？而另一个在说，人到中年了，何必要快马加鞭地驱赶自己？太辛苦根本不是人生，人生不就应该轻轻松松地享受安逸吗？

是的，这就是我当时的心态，为了说服自己，我能够给自己的最大鼓励就是那句——"千万别放弃，不然挺可惜"，够消极的吧！

我想我是知道的，在我心中的某个地方，有一扇小门是关着的。我甚至能够猜出来，有第三个小人住在里面。但是这第三个小人一直没有打开门、底气十足地喊："卢璐，你要继续努力，才能让更多人看到你的影响力和价值！你要一直坚定，才能让自己的野心赶上自己的能力！"

第 三 章

唤醒自我，尝试扮演更多角色

为什么越来越多的女性回归家庭？

大约在五六年前，我加入了一个"70 80 二胎妈妈"微信群。群很活跃，一会儿不看，就有 100 多条消息。那里面的妈妈，有几个共同的特点：

- 中产家庭，都有一套或者几套房子，且老公的收入可以支持正常家庭开销。
- 本人都受过高等教育，本科学历居多，有个别是研究生。
- 生了孩子之后，变成了全职或者"隐形"全职妈妈。
- 情绪总的来说比较负面，有几个关键词：老公、婆婆、家务、成绩，话题一旦被点燃，就哗啦啦出现几百条讨论。

刚开始，我看着别人吐槽自己的老公或者琐碎的家事，联想到自己家长里短的糟心事，也会有感而发地附和两句抱怨。这是一种减负，感觉是在帮助自己"倒垃圾"。可是时间长了，我就越来越不能忍受群里无时不在的全方位负面吐槽了：老公无用，公婆难缠，世道不公……

　　我先是把群消息设置为免打扰，后来干脆退了群，道不同不相为谋，各从其志吧。

　　我还记得，退了群的那个瞬间，我感觉一下清爽许多，喃喃地对着屏幕说了一句："这群家庭主妇！"

　　然后我倏地坐直了身体，有点儿惊慌——我怎么能这么说呢？我这不是在打自己的脸吗？

　　那时候，我还没有开始做自媒体，平常教几个学生中文，月收入还不够孩子们一周的托儿所费用。没错，我就是一个"隐形"家庭妇女。

　　"这群家庭主妇！"这奚落的话，我脱口而出，可就是因为这样，才更能够映照当今社会对于家庭主妇的刻板印象：家庭主妇＝毫无用处＋负能量爆棚。这是一件多么可怕的事情啊，尤其是在越来越多的女性正在成为全职或者"隐形"全职主妇的当前社会里。

　　"隐形家庭妇女"这个概念，来自我写的一篇全网有上千万点击量的文章，叫作《比家庭妇女更可悲的是，隐形家庭妇女》。在文章中，我写到了一个叫作晓雯的朋友。受过高等教育的她在结婚之后，为了排解寂寞，找了一份自媒体工作的兼职，做了几个月刚刚开始上手，就在全家的反对下辞职了。因为工作影响了她给老公做饭，而她人生最重要的任务，就是现在照顾好老公，将来照顾好孩子。

　　我把"隐形"家庭妇女定义成有个喝杯茶的工作的女人。她们工作的目的不是增加收入，而是为了消磨时间，一旦工作和家庭发生冲突，就可以随时辞职。

　　一直到 20 世纪八九十年代，中国无论是女性从业率还是男女同薪同酬，都曾经位于世界前列，可如今，全职主妇和"隐形"全职主妇的数量大幅上升，尤其是在大城市的中产阶层，隐隐成为主流。

2019 年 7 月，《纽约时报》中文版发表了《中国女性面临的职场歧视和婚姻困局》，文中写道，30 年前，中国女性的收入接近男性收入的 80%。但根据官方数据，到 2010 年左右，中国城市女性平均收入一路下滑，已经降低至男性的 67%；在农村，则降到只有56%。

根据国际劳工组织的统计，1990 年，中国有 73% 的女性在工作，2017 年，中国只有 61% 的女性参与工作。同期数据显示，在这些年中，接受高等教育的女性人数总体在上升，但这些都不能改变女性总体参与工作的程度在大幅下降，收入也在降低的现实。

根据世界银行官网的统计数据，1990 年，中国女性（15 岁以上）劳动力参与率为 73.241%，然后一路下滑，2020 年中国女性的劳动力参与率降至 59.842%，下降了大约 13%，降幅之大仿佛发生了"返祖"现象。事实上，这并不是偶然的，而是一种符合经济发展波动的社会现象。

第一，随着近年来整个中国经济的腾飞，相对于男女收入虽然差距不大但总体收入偏低的七八十年代，社会中涌现了一批中产及以上家庭，在这些家庭里，一个人的收入就可以支撑全家的经济需求。

在我看来，这些家庭分两种情况，一种是男性本身金领高薪，有丰厚的收入，可以支持整个家庭需要。还有一种是，房子、车子，包括子女教育等大额支出，父母都已经准备好了，小家庭的负担较轻，男人只要赚够日常开销，就可以满足整个家庭的需求。

可无论是哪一种，当一个家庭对金钱不再敏感的时候，女性"看起来"就拥有了选择，注意，是"看起来"：你究竟要不要去辛苦地工作？

要知道，即使做一份自己特别热爱的工作，过程也是辛苦的，需要付出很多。而几千年传统文化的惯性使得"让太太成为全职主妇"对男人而言是脸上有光的爱护；不需要工作，在家"享清福"，对女人来说则是一种被包装得很美的幸福。这种观念催生了大量"干得好不如嫁得好"的家庭主妇。

第二，在现代社会中，为人父母的责任及家庭的意义已经发生了巨大的改变。

在没有全民医疗保障的年代里，父母的责任就是把孩子养活、养大。可今天，父母要做的不仅是把孩子养活、养大，还要让孩子"青出于蓝而胜于蓝"，拥有无可替代的技能，帮助他们获取幸福、美好且富足的人生。

这是个非常美好的目标，可对于曾抓住中国经济腾飞的机遇、实现阶层跃迁的中产及以上的父母来说，让孩子在人生中持续晋升、获得更长足的发展，就大环境来说，其实是一件困难的事情。因为社会是座金字塔，越往上走，位置越少，空间越小。

然而，我们这些经历过高考的父母，怎么能不相信"读书改变命运"这个理论呢？于是，教育成了没有硝烟的战场，想要出头，就只能铆足了劲比拼孩子的成绩。

今天的孩子们虽然比 30 年前早慧，可这远远不够。"拼娃"的本质就是在"拼父母"——不仅要有钱，更要有时间和精力。所以在现代教育里，陪伴成了所有教育理论的核心。

毋庸置疑，在孩子成长的过程中，亲子陪伴是非常重要的一部分。可是在今天，亲子陪伴已经不仅仅是一种亲情需要，它更被包装成一种亲情捆绑，用来精准地鞭打着全社会的父母。而对于把家庭和育儿当作第一重任的女人，孩子能否成才，成了她们内心最不堪一击的脆弱点。

综合上述几点，大批女性回归家庭，无疑成了符合家庭利益的最佳选择。

那么，当今的女性随着社会趋势退回家庭、守护孩子，是否就真的走向人生高峰了呢？不得不说，事实上根本没有，现在也是女性最愤怒、最委屈、最撕裂的年代，女人们正在被时代逼入困境。

在变成更好的自己前，
先搞懂什么是自己

　　有次出门，打车平台给我派了一辆女性司机开的车。我上车时，她正在听一门有关女性成长的有声课程，我因为认识那个主讲人，就和她聊起天来。

　　一聊我才知道，她不仅仅在听这一门课程，还买了很多其他课程：情商、说话之道、化妆……她坚持学英文打卡，还参加了很多线下活动，类似读书会、观影会和瑜伽班，每天都很忙。

　　听着她每周的日程表，我刚想开口称赞她，没想到她话锋一转，叹了口气说："其实，我听了这么多，还是没搞明白怎么才能成为更好的自己，而且越听越焦虑。看人家都那么成功，我真的是脱了鞋也赶不上！"

　　这并不是她一个人的苦恼，自从开始专注于女性写作，我听到过很多女性读者发出类似的感叹。

　　如今，"女性成长"成为在线教育的一片蓝海，很多 App（应用程序）都开设了女性成长教程，从头发丝到指甲盖，从你多 1% 的脂肪到你欠缺了毫厘的灵魂，360 度无死角覆盖。总之，想要成为要风得风的"大女主"，你一定要不停地努力。

很多人会说，这不是完全正确的理论吗？有什么可质疑的呢？

就因为这是一个完全正确的理论，所以大家在执行时才会不遗余力。然而，任何一个正确理论都要有一个前提。成长是正确的，可是如果盲目努力，成长就会变成另一种状态——拔苗助长。

"按图索骥地看了很多书，听了很多课，可是忙碌过后还是一片迷茫，到底怎样才能成为更好的自己呢？"

现在，每当有人问我这个问题时，我的答案都是个反问句：你能不能先说一下，在你看来，什么才是你自己？

请不要小看这个问题，就像"我是谁"这个问题一样，它可是几千年来人类哲学史上难倒众人的第一名，多少睿智的哲学家论证终生也无法回答这个问题。其实，生命本来真的是毫无意义的，那要怎么定义自己呢？

我问这个问题，并不是想要去追随什么哲学理论，去解读人类存在的意义，而是想要告诉那些苦苦执着于自我成长的女性，自我成长是好的。但在盲目地开始弥补自己、努力把人生变得更好之前，我们首先要想明白，什么才是自我意识，怎样才能唤醒自己的女性自我意识，让自己成为一名思想独立的女性。我们必须辨别出那个所谓的"更好的自己"中，什么才是更好的，哪里才应该是自己拼搏发力的区域。

否则，盲目成长的结果只不过是浪费了自己宝贵的时间、精力，让自己力不从心地在中途放弃。

在上文中，我说到了"自我意识"和"女性自我意识"，虽然仅仅相差两个字，它们却是完全不同的概念。

自我意识，是一个人对于自己身心的觉察和认知，包括自己的生理状况、心理状态、自己和其他人的关系等，还包括正确的自我认知、客观的自我评价、积极的自我提升和对自我成长的关注。

而女性自我意识，是女性在拥有一定的人生体验、认同自己性别的前提下，将自己定位为一个具有独立人格的自然人而不仅仅是个女人的一种体验。

为什么我要郑重地把看起来非常简单的概念单独列出来讨论呢？

主要原因是，经过几千年父系社会的再教育，相对于男性，女性的自我意识普遍比较模糊，女性常常混淆自己作为女人和人的秩序。

要知道，人类对于自我的研究在几千年前就已经开始了。可是从古至今，我们能够找到的所有研究人生体验和意义的论题，大多以男性自我意识为样本和对象来代表整个人类的趋向。

在这种环境下代代成长，男性自我意识就变得十分清晰：男人们会为了自己的人生去努力，但并不会因为自己是男人，就隐忍了需求。而女性恰恰相反，我们常常混淆自己身为女人和身为人的秩序，耻于把自己的需求放在明面上，下意识地不停重复着一种观念："只要你们好就行，我没有关系。"

"我没有关系"，是的，这就是几千年来女性被"教化"的结果。

一直到今天，在大多数影视剧、文学作品，甚至电视广告中，有光环的女主角都被塑造成了无怨无悔、无欲无求、矜持腼腆的贤妻良母形象，从男主角的爱恋和呵护中获得人生最大的幸福，而自己的人生最大价值是隐忍和付出。

同时，基本上每个"圣母"旁边都会有个十恶不赦的女配角，她步步为营，工于心计，想要离间女主角和男主角的爱情，或者不惜一切代价地抹黑女主角，以捕获男主角的心，从而获得人生救赎。为了让"围观者"看着爽，这类女人的下场基本上都是饱受挫折，结局是统一的窘迫和凄惨。

可真的到了实际生活中呢？结果往往是相反的。那些更知道自己要什么、掌握主动权、行动力强且会用智慧考量利弊的女人往往成了人生赢家，而那些既不动脑也不动手的"傻白甜"结婚之后的境况只会江河日下，越来越无助。

再譬如近年来备受推崇的"男孩要穷养，女孩要富养"的教育理论，它能够在社会上获得如此多的追捧，就是一个比较典型的例子，这反映了社会共识是如何引起女性自我意识秩序混乱的。

虽然经过迭代，"女孩要富养"这个理论已经从单纯的物质上的富养跨越到了精神富养阶段，但是"女孩要富养"这个理论的核心，是说富养女孩就是要慷慨地满足女孩的物质、精神，乃至见识上的需求，这样女孩长大之后，才会有更广的眼界，不会因为一点儿蝇头小利出卖自己。

可这个理论的缺陷就在于，它的成立要有个预设前提，那就是女孩在长大之后，不需要像男孩那样去艰苦奋斗、获取自己的生存资源、保证自己的人生衣食无忧，并且建立自己的价值体系，她只需要管住自己的欲望，不堕落，就可以走向幸福。

这个理论的荒谬性在于：无论是被物质还是精神富养大的女孩，如果没有吃过苦，不懂得什么叫困难、挫折和担当，即使再有高贵的气质和高人一等的格局，面对残酷的竞争，一切也都是一句空话而已，到头来还是要为了生存屈服于现实。

西蒙娜·德·波伏娃的名言"女人不是天生的，而是被塑造的"就是这个意思。女人从出生便遵循传统和社会给予女人的定位，塑造自己的形象，而非顺应自身意愿成长。

所以，从本质上来说，今天"女性成长"的蓝海是顺应女性发展的一种需求，已经有越来越多的女性开始不满意自己现有的生存状态，认为自己需要改变。

可真正让自己沉浸于某个具体事务（譬如说学习英语、提高情商、提升格局，甚至加强行动力）中，变成更好的自己之前，我们先要找到自己，并且拥抱自己。

每个人都是独一无二的，这将是一份需要每个人独立完成并评定的试卷，没有标准答案。每个人只有通过总结、思考、辨析，找到真实的自己，才能够面对原生家庭、被社会强加的性别分歧等诸多天然不利的因素，从而获得人生中最强大的力量：独立思考能力。

所以，唤醒女性自我意识、找到真实的自己，才是女人终其一生最大的成长。

你确定你真的想做一个良母贤妻？

2019年9月，我在法国，和中国有6个小时的时差。法国的晚上相当于中国的凌晨。有一天晚上，突然间，我感觉朋友圈里没人睡觉，所有人都在刷同一首新歌。

到了第二天下午，我看到微博10条热搜中，至少有6条都在说这首歌，然后才知道，新歌一上线，服务器就被挤崩溃了。

我凑热闹去看了那首歌的MV（音乐短片），结果也差点儿哭出来，不是被感动，而是被吓到了，这真的是一首对女性太不友好的歌了。

MV的女主角是一个美到惊艳的奶茶妹，因为送奶茶，认识了有艺术范儿的摄影师。他们相爱了。女生发现男生在为要不要去英国读书而犹豫，于是趁男生睡着时，偷偷地帮他申请了英国的学校。不仅如此，她还用自己努力加班卖奶茶的钱，买了一台几万元的哈苏相机，在男友出发去英国之前送给了他。从此，她斩断情丝，电话也不接，兢兢业业地卖奶茶，就是为了不耽误男主角的前程。

MV的最后是男主角在街头找到了正在发传单的女主角，女主角不敢相信自己的眼睛，然后扑进男主角的怀里，热泪盈眶。她的默默付出和坚守的信念都没有被辜负，从而"化羽成仙"，收到了最美好的回报。

这首歌大概表达的是一个男人的自我陶醉——你什么都没有却还为我倾其所有，我感动，我感恩，我恋恋不舍，我怀念，但我还是走了。

后来我写了一篇文章去反驳这首歌的立意，为什么在一段感情中，必然要有一方奉献给另一方，为什么两个人不能一起协商、彼此尊重地携手前行？

在一段爱情关系中，凭什么女人要找一个像儿子一样的男人，无私付出还会感到幸福？难道女性就是为了奉献而活着吗？尤其是倾其所有地奉献给一段爱情和一个男人？

对不起，这种价值观，我真的无法认同。

无论是 2019 年刷屏的新歌，还是国内屏幕上随处可见的"玛丽苏"①，都让我想到了迪士尼的电影。

从看到第一支米老鼠的动画片开始，我就变成了迪士尼的粉丝。现在我已经 44 岁，还是迪士尼的粉丝。相信到 66 岁的时候，我一定还会看迪士尼，因为迪士尼的公主并不是一成不变的，是越来越人性化、永远在成长的。

在创造了米老鼠这个形象之后，迪士尼开始制作公主类型电影，从最经典的童话形象开始演绎。今天看来，根据创作时代的不同，迪士尼的公主形象很明显地有着不同的人生观和价值观。

①"玛丽苏"指文学、影视作品中过度美好的角色。——编者注

迪士尼早期的公主形象，是白雪公主（1937 年），然后是灰姑娘（1950 年），接着是睡美人（1959 年）。这些公主都有一个共性，就是她们本身除了美，并不存在什么能力或者特质，并且她们的人生中都存在着某种被迫害的危机，比如白雪公主和灰姑娘的后妈、睡美人遇到的女巫。

总之，这种危机已经危及她们的生命，她们需要王子来拯救才能脱离苦海，从此就可以过上幸福的生活。

在停顿了一段时间之后，迪士尼开始了第二批公主故事的创造，小美人鱼（1989 年）和美女与野兽（1991 年）横空出世了。

小美人鱼本身就是公主，她什么都不缺，也没有什么人生危机感。她无忧无虑，想要的是更加幸福的人生，譬如说一段真正愉悦的爱情。

随之而来的《美女与野兽》把这个主题进一步深化。贝儿虽然不是公主，但是她和父亲幸福且安逸地生活在一个美丽富足的小村子里。完全没有生活危机的贝儿并不喜欢没有内涵的武夫。贝儿的人生既不需要王子也不需要爱情来救赎，恰恰相反，是贝儿的爱情完成了对王子的救赎。终于，女性的形象从"被动"、"被迫"、"应该"、"必须"变成"主动"、"控制"和"选择"。她们从等待王子救赎变成了救赎王子，从而让自己幸福，这是一个多么巨大的精神跨越，它让人们看到了女性意识正在觉醒。

20 世纪 90 年代及以后，第三拨迪士尼公主有了全新的面貌，从试图逃出古堡去看世界的长发公主，到有着各种发色、肤色及文化的各国公主：阿拉伯的茉莉、中国的花木兰、印第安的宝嘉康蒂……王子和爱情只不过是她们人生中走过、路过的一道风景，并不是她们的人生目的，更不是自我人生救赎。在她们的人生中，幸福绝不仅限于爱情、婚姻，甚至成为母亲。她们怀着各自的意愿漂洋过海、历尽艰辛，她们的人生一直都在致力于完成自己的使命。

2013 年，迪士尼划时代地推出了刷爆全球的《冰雪奇缘》，让全世界的女孩为之痴狂。

在《冰雪奇缘》里面，爱情、王子都变成了可有可无的配角，影片也完全没有设计以诋毁和嫉妒为使命、与女主竞争的女二号。

在《冰雪奇缘》中，最激动人心的那一幕，是艾莎（Elsa）愤然独自登上雪山，开始高歌《随心而行》（*Let It Go*），从因为惧怕自己的超能力企图戴着手套掩盖，循规蹈矩地想要变成世人眼中的好女孩，到愤然出走，质问自己，再到思考、挣扎、放弃和笃定的确认，从"Be the good girl you always have to be"（做一个好女孩，一直都要这样）到"I am one with the wind and sky, I'm never going back, the past is in the past"（我与风和天空同在，我不会再回去，过去已成往事），再到"Here I stand and here I stay, Let the storm rage on"（我就站在这里，就留在这里，让风暴怒吼吧）……

从那一刻开始，女性意识终于开启了一个新纪元。《随心而行》这首歌唱的并不仅仅是一个会魔法的小女孩的故事，还是全世界的女性意识觉醒。这一次我们终于可以抛开自己的女性身份去思考：作为一个人，我到底应该有怎样的人生？作为一个人，到底什么才是我生存的意义？作为一个人，我将如何面向世界表明我的态度，驾驭我的人生？

2019 年 11 月，迪士尼发行了《冰雪奇缘 2》，我很荣幸地受到邀请，参加了中国首映式，并且专门写了一篇影评。《冰雪奇缘 2》把已经有了清晰女性自我意识的艾莎和安娜（Anna）刻画得更加强大且独立。今天的女人终于可以不需要王子，不需要爱情，不需要家庭，不需要成为母亲，不需要为男人默默奉献，就可以自我觉醒，考虑并且建立自己的人生。而当艾莎和安娜懂得什么是自己、什么是自己人生的意义和责任之后，她们当然可以结婚、有家庭、成为母亲，但是这些和她们的自我精神相比，都是次要的事情。

从 MV 中为男生默默奉献的女生到《冰雪奇缘》的艾莎，我看到的是一种无言的悲哀，但同时，我也看到了一种无言的希望。非常庆幸的是，如今我的女儿们已经在二者之间有了选择！

经过了几千年，女人终于可以有选择，终于可以活出自我，这也是当今时代对于每个女性最美好的馈赠。

总而言之，无论我们有多爱别人，无论他 / 她是伴侣、孩子，还是父母，我们自己先要是个独立的人，而不只是一个女人。

直面恐惧，
懂得走出舒适区

我在法国看过一个电视访谈节目，说的是一个 50 岁出头的未婚女人的故事。

节目一开始的场景是，她冒着大雨穿越整个巴黎去吃晚餐。那并不是一个特别重要的场合，而是一个 10 年养成的习惯：每个月第二个周六晚上 8 点，无论有无同伴，她都会来这家餐厅吃饭。店主和服务生都认识她，位置是预留好的——靠着窗户的第二张桌子。

服务生给她递上菜单，然后会笑着问她："和原来一样吗？"

"和原来一样。"

她每次都吃"当日菜单"，喝"当日酒单"的一杯红酒，因为餐厅会定时更换当日菜单和酒单，而这些是在她 100% 可接受范围内，算是被预留的、有点儿不确定性的惊喜。对，在她的人生中，惊喜也要被确定在可接受的范围内。

习惯可以算是一种价值。可事实上，她的习惯并不仅限于这家餐厅。她用非常完整且系统的方式来规划自己人生中的每一个细节，并严格地遵守着自己的时间表，甚至包括度假。她曾经连续 11 年去同一个地方，住同一间民宿的同一个房间。后来民宿老板卖掉了他的店，她就换了一家，连续去了6年。

对于每天的日程，她精准恪守到固执的地步。然而这种看似自律的生活方式却充满了雷区，因为任何意外都可能破坏她一整天的好心情，哪怕是早上起来发现麦片吃完了、必须改吃面包这种小事。

节目组采访了她的妹妹和朋友，发现这位女士有个非常悲惨的童年。她并没有见过她的母亲，小时候跟着父亲流离失所，有很多次，她以为自己已经被父亲遗弃，可父亲会突然回来。然而她的担心并不是空穴来风，她最终的确被父亲遗弃了。她的妹妹和她没有血缘关系。

她固执成癖地复制人生的每一天，就是为了把自己固定在一个所谓的"安全的格子"里面，如履薄冰地抵御来自内心的恐惧。

这是一个悲伤的故事，但从侧面反映了一个普遍存在的问题：我们表面装作若无其事，内心却战战兢兢地度过一生的时候，究竟有没有思考过自己究竟为什么会感到恐惧？我们能否向前一步、变成更强大的自己？

每个人都可以在心里生出很多情绪，幸福、快乐、舒心、惬意，抑或是愤怒、讨厌、嫉妒、憎恨……在我看来，控制我们最多的情绪，却是恐惧。

人生中的恐惧分成两个部分。

一是来自原始的人性。譬如，我们会怕黑、怕死，面对任何可能伤害我们身心健康的事物，我们都难免心惊胆战、背后发冷。

二是源于社会的压力。老话说，"柿子找软的捏"。社会中相对弱势的女性会面对更多的恐惧，譬如，"嫁不出去、生不出孩子，你就会死得很惨""生了孩子、皮肉松弛，你的老公就不会再爱你"……

这就使得女性在原本已经充满恐惧的人生中，比男性有更多的恐惧，更容易被恐惧压迫得近乎窒息。这是个细思极恐的简单道理：惊弓之鸟总是更容易被控制，一个总是处于恐惧状态的人也更容易被控制。

没有人记得住自己出生时的感觉，但我想一定是令人浑身酥麻的恐惧。设想一下，从一个温暖却黑暗、充满羊水的狭小空间中，被巨大的力量后推前拉后，来到一个明亮又冰冷的广阔空间，无依无靠。难怪所有的孩子出生后的第一反应都是哇哇大哭。

可是渐渐地，我们一步步成长，开始用自己的肢体和能力探索世界，这是一个很奇妙的过程。每个人都是一个原点，要通过自己的足迹去扩张疆土，随着了解、掌握的范围越来越大，一个安全区就形成了，我们可以心安理得地在中间做着君主。

很多人跟本节开头的那位女士一样，每天都过得差不多：吃一样的早餐，坐一样的地铁，去一样的地方上班，吃一样的晚餐，看一样的电视，在一样的床上，等着同样的明天到来。无论春秋，无论冷暖，甚至无论是工作日还是假日。

这种千篇一律的日子回看起来会让人感觉很无趣，可是很多人却自行选择了这种方式，重复着自己前一天的日子，即使自己对这种日子并不是100%满意。

因为人只会对自己知道、熟悉和掌握的东西感到舒适，有安全感。从某些角度看，每个人都梦寐以求的安全感，也是一种局限和束缚。

在幼年、童年和青少年时代，我们别无选择，必须义无反顾地扩容自己的世界，不然人生范围太小，会令人窒息。可是人到中年之后，这就变成了一个选择，是停留在前半生创造出来的舒适区日复一日地衰老，还是选择继续挑战自己、雄心勃勃地扩大自己的世界？

究竟应该怎么做才能够抵御恐惧？

要知道，无论年纪、性别、身份，每一次走出舒适区都是一场全新的挑战，惶惶然地与恐惧作战。尤其是成年之后，这种挑战并不是必需的，只是一种渴望上升到更高层次的自我要求。动机不一样，意志力和执行力也是不一样的。

这种上升指的并不是俗世中社会地位或者经济积累的上升，而是一种精神层面的自我提升。越是通透且强大的人，越有足够的底气和见识去抵御人生中将会遇到的各种莫名的恐惧，无论这种恐惧源于自身还是源于社会的压力。而拥有这种力量的人，一定都具有同一个特质：自我意识清晰无比，知道自己的需求，也明白自己将去往哪里。

要想拥有这种更高级且泰然的人生状态必然需要长时间的自我修炼，而修炼的核心就是自我意识。这对于女性，尤其是已经拥有一定资源、进入舒适区并开始走向生理衰退期的中年女性来说尤为艰难，毕竟面对恐惧、挑战自己的舒适区是"反人性"的，需要坚强如铁的意志去支撑。

　　对于众多习惯处于弱势地位的女性而言，尊重并相信自己、认识自己的价值，将是一个对自己的舒适区绵绵不绝的挑战，很多时候，这真的要比征服别人更加困难。但无论何时、无论何地，无论在什么年龄段、处于什么际遇，请别放弃，要时刻记住自己的身份，时时拓展自己的角色，获得更丰富、更宽广的人生。

带着孩子去开会

几年前，我和一家公司的创始人托马斯（Thomas）约在一个周五下午面谈。当他把公司地址发过来时，我发现他的办公室就在一家汉堡包餐厅的楼上。我的孩子们很喜欢那家餐厅，于是我没有多想就订了位置，准备带着孩子开完会去吃汉堡包。

那天，我带着两个孩子去赴约。走到人家公司干净的玻璃门外面时，我意识到自己可能犯了个错误。

前台的小姑娘带着一种"您是走错门了吧？"的疑惑，把门打开了一条缝，我赶快自报家门："你好，我要找托马斯。我是卢璐。"

她的脸一下子灿烂起来，打开了整扇门说："您好，卢老师，请进。"

我跟着她穿过一片开放性办公室，进入会议室，趁她去找托马斯，我赶紧把两个孩子安排在会议室另一头的角落里，掏出 iPad（苹果平板电脑），还有画画的水彩笔，跟她们说："妈妈要开会，不要出声音哦。"

那时，思迪 6 岁，子觅 3 岁多。她们点了点头，细声细气地说："好的，妈妈。"

托马斯带着一群人——品牌总监、市场总监、产品总监和专门对接我们的商务——一起进来。看到孩子们，托马斯先是一怔，又立刻笑起来，把孩子们夸赞了一番。

寒暄过后，我们关上顶灯，打开幻灯片，品牌总监开始介绍。她正讲到高潮时，思迪的 iPad 掉到了地上，一声巨响，吓了大家一跳。商务跳起来，打开了会议室的灯，幸好 iPad 没碎，我们继续开会。几分钟之后，子觅想要喝水，拧不开瓶装水，思迪想要帮她，两个人你争我夺，会议又暂停了一次。5 分钟之后，子觅跑过来跟我说："妈妈，我想尿尿。"

几次被打断，品牌总监已然忘词。真正尴尬的是我，我真想就地化成青烟。

托马斯说："卢老师，我们有个员工休息区，有糖果和点心。如果您不介意的话，让我们的前台小姑娘照顾她们一会儿？"

我像是抓到救命稻草一般，赶紧说："好，真对不起……"

托马斯笑着说："我是个爸爸，我懂，没有关系。"

孩子们被领出去后，接下来的会议开得很顺利且很有效率。

晚上回到家，我跟我先生讲，带着孩子去别人公司开会真丢脸，原来职场女性和家庭主妇真的是两种生物，水火不容。

我先生说："你不能这么说，职场并非对家庭主妇不友好，而是每个人在每个场合都有自己的角色。现在你既然重回职场，就需要更加职业化地要求自己，才能有真正的可信力。"

所幸，这并没有影响我和托马斯的合作，他们有很好的产品，我们有很好的渠道，可以实现双赢，占尽天时地利人和。

我们的合作是线上的，中间有一年多没有见面。有次在一场会议上，我穿着黑色的西装和露出脚踝的黑色九分西裤，搭配亮色的高跟鞋，戴着珍珠耳钉和腕表，与旁边的人交换着名片。

我已经不再说"我是一个二胎全职妈妈，同时写写自己的人生感悟"，我会说："我是女性自媒体领域的 KOL（关键意见领袖），我们平台的读者是那些有东西方文化背景的已婚中产女性，我们的目标就是帮助她们提高人生质感。"

突然间，托马斯跑过来跟我打招呼，他说："天呐，卢璐姐，真的是你，你太让我惊讶了，我都不敢认！"

我们愉快地聊了一会儿，他把我们的合影发给他的太太，因为在他的推荐下，他的太太也成了我的读者，她生了二胎没多久，正处在焦虑中。

带着孩子去开会虽然是个很简单的故事，却随着我的个人成长呈现了不同的意义。

在最初很长的一段时间里，我都觉得这是反面案例。家庭主妇做久了的我已经忘记了什么才是专业准则，把自己的家事拖得满世界都是，透出来的都是拖沓、疏忽和不经意。

可后来，我发现这场尴尬非但没有影响我们的合作，托马斯还介绍了他的朋友给我，我一度真的有点儿飘起来。原来这个社会如此"功利"，只要有实力，根本无须拘泥形式，每个人都会"宽容"地接纳我们的肆意妄为。

幸好，那是几年前的事，后来我渐渐在社会上有了更多身份，去参加不同级别的活动，见了更多的人，有了更多的体验，也有了更加自我的态度。

我知道，对于职场人士来说，带着孩子去见客户并不妥帖，有点儿缺失职场的专业态度。可作为一个母亲，我并不想因为工作放弃孩子。

现在，我去工作时会有选择地带着孩子们。我会提前征求对方意见，也会安排工作人员处理随后可能发生的问题，在事业和家庭之间，我笨拙、僵硬且缓慢地调整着自己的角色，找到平衡点。

都是带着孩子去开会，但我现在的状态和处理方式已和原来截然不同。

从前，为了兼顾事业和家庭，我不停地思考自己到底应该舍弃什么。而现在，我会在事业和家庭难以兼顾时主动选择自己想要的东西。

我清楚我的优势和实力，我会坦诚地向别人展示我需要家庭的事实。这就变成了我的人设：我是一个有家有娃、正在创业却能够两者兼顾的女人，这一点非常容易受人尊敬、被人认可。

更重要的是，我一直在用这个例子来思考人在社会中"身份"和"角色"的转换。

作为中国人，我们每个人都有一张身份证，这个有18位数字的组合能证明自己是大千世界里独一无二的那个人。

身份，可以等同于自我，是自我内心活动的全部。"我是谁""我从哪里来""我将到哪里去"，在人的一生中，这个自我是永远不会改变的。终其一生，我们做的所有事都是为了满足自我需求，无论是物质的还是精神的。

譬如，我就是我，卢璐，女，1976 年，也就是内辰年（龙年）出生，我的右胳膊上有红色的胎记，这些都是我永远不能改变的事情。

然而在身份之外，每个人都有不止一个角色。当我和孩子们在一起的时候，我是母亲；当我和我先生在一起的时候，我是妻子；当我和父母在一起时，我是女儿；当我和员工在一起的时候，我是上司。根据我的人生长卷，在不同的时间和场合，我还可以是老师，是朋友，是消费者，是客户，或者陌生人……

人生中，每个人都会尽职或者不尽职地扮演着不同的角色。社会越开放，活动越频繁，每个人就能够尝试扮演越多的角色。

每一次多扮演一个新的角色，都是一种新的尝试，也是对自己身份的一种新的丰富和肯定。

譬如，2018 年，我出了我人生中的第一本书《和谁走过万水千山》，于是，我多了一个新的角色——作者。为了宣传这本书，我去了不同的城市，做读者见面会。

无论是我还是我的团队，没有人做过线下活动，于是我们又都有了新的角色：活动组织者。每次参加读者见面会，我都需要演讲，我又变成了一个演讲者。因为我讲来讲去，讲出了心得，我和几个在线平台开发了短期或长期的课程，于是我又多了一个角色——讲师。

每场线下活动都会出现前一场无法预计的事情，不仅是我，整个团队都很紧张，面对那么多专程来看我的读者，不知道他们会不会对我失望。我心中沉甸甸的全是焦虑。

我还记得，2018 年 12 月 23 日，我们做完全年的最后一场活动，整个团队依依不舍地道别，分几路奔向机场和火车站。

每次做活动时紧张、疲惫、全靠意念支撑的感觉，直到现在我都记忆犹新。但当一切都过去，再跟团队里的新人说起来时，大家都觉得好棒，因为我们共同跨出了新的一步，自己的人生又多了几种不同的角色和体验。

关于生活，我受益最多的两个观点是：

（1）无论扮演什么样的角色，都要永远牢记自己的身份。对于女性来说，这就是在自我意识苏醒之后，要当机立断找到的那个自己。

（2）无论拥有何种身份，不浪费人生的最好办法，就是尽可能地去丰富自己的角色。每一次尝试扮演一个新的角色，都是在挑战自己的舒适区，都是在扩大自己的疆土，百川归海，最后总会回归自我，让自己变得更加强大且独立。

第 四 章

相信自己，尊重自己

为什么女人比男人更容易自卑？

我曾经有个兼职女助理小 H，她是独生女，家庭条件中上水平，应届本科毕业，读书期间去美国游学了一年，英语很好。当我们一起工作后，我发现她面对新事物时的信心严重不足。

新媒体毕竟是一个新兴行业，她每天所做的事情都是学校不曾教的，甚至没有可以去学习和模仿的前例。

每当我给小 H 布置一个任务，哪怕是非常简单的任务时，她的第一句话永远是："我没做过，我怕我做不好，姐，我要是没做好，你别怪我"或者"这么重大的任务，你确认要交给我吗？我觉得交给小 T 更好，他比较有经验"。

小 T 是我另一个助理，是一个男生，也是独生，但是家庭条件普通，只不过比小 H 早入职 4 天而已，所以小 T 也是完全没有新媒体经验的"菜鸟"，同样要"摸着石头过河"。

我知道，小 H 这么说并不是为了推脱工作，她需要的是安抚，需要我一而再再而三的鼓励，才敢去尝试。她是一个好学、聪明且做事有条理的女生，在我的安抚下，她总能够把工作完成得有模有样，而且同类的任务给她讲过一次，她会自己记得更新，不需要我重复叮嘱。

有一次，我问她："为什么不能说'姐，交给我，没问题'，哪怕是'这我没有做过，但是我愿意试试'？"

她说："我想先降低一点儿你对我的期待，我怕做得不好，让你失望。"

我摇头："不，你是怕让自己失望。我既然选择让你做这项工作，就是相信你能做好，而你犹豫其实是因为你不相信自己。"

就工作质量来说，小 T 并没有做得更好，还有过把工作全盘搞砸的案例，而且有时候会犯点儿粗心大意的错误，但他不会在还没开始做时就先泄气地说："姐，我不行，我做不好。"

更重要的是，面对某件不会或者没有把握的事情时，小 T 会直接告诉我他不会或者不明白，然后说出自己的理解和想法，问我："你觉得这样的理解对吗？"

而小 H 呢？她如果对这件事情比较有把握，就会跟我说："如果做不好，请别怪我。"如果完全一头雾水，不知道怎么做，她就会选择像鸵鸟一样藏起来，藏过一时就是一时，只是心虚地说句"嗯"。可是对于我来说，既然她听到了，而且没有异议，就表示没有问题了，我就很放松地等着。

结果时间到了，左等不来，右等也不来，要么交不上，要么在我的再三催促下，交出一个完全不成样子、不能用的东西。结果就是，中间所有等待的时间都浪费了，需要重新开始。要知道，在工作中，时间的浪费往往比金钱的损失更令人心痛。

小 H 的这些言行都是自卑的典型表现，我们通常把自卑归结于从小到大的累积，或者原生家庭的伤害。我和他们分别聊过，在他们的成长过程中，自卑的小 H 的父母对她实行的并不是苛责的否定式教育，相反，小 T 的父母因为没读过什么书，常常一言不合就打他。显然，把一个人自卑的原因归于家庭教育是不客观的。

事实上，当我认真观察自己和周围认识的人时，我觉得自卑这种完全负面的感觉虽然和从小到大的累积与家庭脱不了关系，但更关键的因素是性别。

大数据显示，男人的确比女人更有自信，可是如果有机会对学龄前儿童进行观察，我们很容易就会发现，在成长初期还停留在需要吃饱喝足、保证温暖、满足自身需要的"小动物"阶段时，男孩和女孩的自信程度并没有差异，甚至因为女孩的语言和思维系统发育得更早，她们在前期的集体活动中往往表现得更有自信，并在集体中担任领袖类的角色。

男女自信的差异化是从少年之后，随着身体发育、性别特征产生之后，才慢慢被定性的，女孩会越来越焦虑，觉得自己比不过别人。

为什么女性普遍比男性更容易自卑呢？

首先，在过去几千年的父系社会中，女人本身除了生育再无其他价值。

一个女人的价值主要体现在她身边的男人身上，她的父亲、兄弟、丈夫、儿子、孙子，甚至侄子……她的人生完全被限定在某个狭小的范围中，所以女性完全没有机会参与挑战，尝试各种可能，进而积累经验，以证明自己。

其次，无论是内部还是外部环境，男孩在成长过程中受到的正面鼓励总是大大多于女孩。

这种情况在几十年前表现得尤为突出，因为那时候重男轻女的情况非常严重，在兄弟姐妹之间，男孩和女孩的待遇是不同的。

如今，尤其是在经济发达的大城市里，这些问题表面看已经解决了，特别是像"男孩要穷养，女孩要富养"这种观点。殊不知，对于女孩来说，父母重男轻女是一种伤害，父母过于担心或者溺爱也是一种伤害。因为父母对于女孩特别在意，回馈给女孩的是一种负面的肯定：你是女孩，你是弱小的，你是没有能力的，你无法和别人抗争，你不需要承担责任，一定要有人帮你安排得妥妥帖帖，你要被宠。

而父母和社会向男孩传递的信息则是，你是个男人，你需要建功立业、承担责任，你必须吃苦耐劳，必须付出，在社会上赢得自己的一席地位，获得认可。

这些话语看起来并没有明显的褒义或者贬义，但是女性从小到大就是这样慢慢被洗脑的，觉得自己是较弱的一方，觉得自己不行。

看清楚这一点，我们就很容易明白，为什么女人总是比男人更容易自卑了。

习惯性自卑，
或许是女性的通病

二十几岁时，我在法国读书。有次和一个男性朋友出去吃饭，我们要坐滚动扶梯出地铁，前面站着一个法国女生，跟我差不多高，穿着一件彩色的雪纺吊带衫和一条白色紧身裤。在扶梯向地面上升的过程中，风吹起她的吊带衫，衬得她更加纤细且美丽。

我赶快问旁边的朋友："我比这个女生胖多少啊？不会胖很多吧？我要减肥，瘦成她的样子。"

从 16 岁一直到 33 岁生孩子，我的体重大部分时间一直在95~100 斤[①] 的范围内波动，最胖时 102 斤，最瘦时跌至 89 斤。那时候，虽然我只穿 34 或 36 码的衣服，可我依然十分坚定地认为，我需要减肥。

那个朋友是一个丝毫不会顾及别人想法和面子的理工科直男，他用研究性的眼神看了眼前面的女生，又转身看了看我，然后说："你一点儿也不比她胖，你整个人都比她小一号，无论是腰围还是臀

---

① 1 斤等于 0.5 千克。——编者注

围，不过，胸围估计不止小一点儿。"

我还记得，当他说完这番话的时候，我根本不相信，赶忙绕路去看那个已经走远的女生。我看了又看，最后得出了一个结论，可能我比她瘦，但是因为这个女生胸部有"容积"，所以产生了视觉对比，就会显得她的腰身反而更纤细。

所以，瘦不是终极选择，美感才是，这其实是比胖更令我沮丧的事实。减肥虽然难，总还有达成目的的可能，可已经过了青春期的我想要丰胸，就只能做手术，无论是花费还是后果，都是不可预计的。

当我在七上八下地盘算这些的时候，那个男生直摇头说："我真不明白，你为什么不肯相信你自己也很美丽？原来世界和平就是有一天女人可以不再怀疑自己……"

听到他的前半句话，我正想咧开嘴巴微笑，谦虚地说"谢谢"，可立刻就被后面那半句噎了回去。我并不觉得我是在质疑自己，我的不完美难道不是一个事实吗？难道不是更应该夸奖一下我想积极改变的态度吗？

是的，虽然今天我成了一个拥有 80 万名读者的"成功"中年女性，出书、开讲座或者写公众号文章的时候，很多女性读者跟我说："卢璐姐，我真的羡慕你的美好和优雅，特别想活成你的样子。"事实上，我并非一直都是这个样子的。

从小到大，我都是一个个子较矮、长相普通、成绩中等的"路人甲"。一个普通女生有的劣势，我都有，但一个完美女生的优点，我仿佛一个都没有。

尤其是在少年时代，因为每个人的少年期都是一生中最敏感的时光。我的中学离家很远，我每天要花一个半小时上学，再花一个半小时回家。背着巨大的书包挤在全是人的公交车上，那些无法动弹的时刻就是我尽情自卑的时光。

我觉得自己丑、胖、矮，甚至质疑过自己的眉毛、嘴巴和手指，我认为我将永远都是光环外面的那个灰色影子，只能无声叹息。

我无数次怀疑自己大约就是上帝走神时"手歪"制成的次品，可问题是，我这辈子已经没有"回炉重造"的可能了，那怎么办啊？

前一阵子，有同学把高中毕业照发到群里，我对着斑驳的老照片看了很久。高中的我，白衣白裙，留着空气刘海儿，虽然算不上顶级漂亮，但真心不丑。可是回首二十几年前，我能记住的只有被压到无法喘息也无法挣脱的自卑。

我把这种状况叫作"习惯性自卑"，在很长的时间里，我一直觉得，我的习惯性自卑源于我童年的经历。据我观察，习惯性自卑的人不只我一个，很多人，尤其是女性，多多少少都有过同样的问题。

很多研究机构都做过同一个实验：拿一张肖像照，请本人和路人给照片打分。

无论国家和地区，女性给自己打的分数总是会远远低于路人给她打的分数；相反，男性给自己打的分数往往高于路人给他打的分数。

通常情况下，女性看自己只会看缺点，总觉得自己的个子不够高，该瘦的地方都不瘦，该丰满的地方都不丰满，皮肤不够白，眼睛不够大，牙齿不够整齐，手指不够细……一千个女人便会有一万个理由。对自己不满意还没完，会进而把这些不满意变成一个个伤口，"烂"在心底。

而男人看自己只会看优点，觉得这里很帅，那里很棒，看来看去，自信满满。

其实，一个人对自己外貌的评价也是其内心活动的反应。一个因为外貌而自卑的女人，一定会在各个方面不遗余力地苛求自己。

自信不是天赋，
而是一种积累

　　行走在这个广袤且陌生的世界里，我们会遇到太多未知而可怕的东西，这让我们内心的恐惧无法平息。

　　每当我们以自己为原点多扩展一步、多征服一点儿，我们就多了一点儿经验，由此步步为营，逐步扩大自己世界的疆域。

　　一个人的自信，大概可以解释成他尝试用自己有限的经验去把握这个陌生世界时，从那种忐忑不安到完全掌控的心理过程。自信是人类向外挑战成功的战利品。

　　然而，可以帮我们抵御恐惧的认知和经验就是自信吗？不，这些并不能直接转化成自信。自信的形成需要两个前提条件：认知和经验。我们挑战成功之后，还必须配合主观和客观的正面鼓励，才能够生成自信。

　　绝大多数不自信的人并不是没有实际执行能力，而是不相信自己有这样的能力。二者间最大的差距就在于我们这一路走来能接收多少正面鼓励的信息。

　　自卑是自信的反面，即认为自己没有足够的能力去挑战这个世界，这是对自己的一种预设判断，在没有开战之前，已经输了阵脚。其实，无论何时何地，认输都是比真正失败更加严重的事情。如果输了，还有再赢回来的可能，可是如果认输了，就等于放弃了赢的可能性。

在我看来，自卑最可怕的部分并不是极度自损，而是在不断自损中慢慢被驯服。因为对于人类而言，任何一种不愉悦的状态都要比强迫自己面对不确定的陌生状况时所产生的恐惧好受一些。

无论是自卑、辱骂、殴打还是冷漠，只要是在人生中高频出现的状态，都可以变成一种"有安全感"的习惯。习惯一旦形成，我们就不再会奋起反抗了，而是退让到一个角落，低头无语，跪着接受所有"事实"。

自卑"习惯化"的程度有个很明显的指向标，就是这个人对于外界正面鼓励的接受程度。

因为每个人都有机会受到别人称赞。面对别人的称赞，你是大方地点头说"谢谢"，还是扭捏不已、慌不择路地找个理由搪塞；是不敢回应、暗自揣摩这个人说的是正话还是反话，还是仰起头得意扬扬地拍拍别人的肩膀说，"你说得真好，再说一遍"。

我在法国读书的时候是一个身材苗条的爱美姑娘。常常会有人夸赞我穿的衣服或者戴的配饰好看，我总是赶快道谢，然后无比"真诚"地跟别人说："这是我打折时买的裙子，比正价便宜 70%。"

我并不是偶尔说一下这种话，而是每次有人夸我好看的时候，我都会这么说。直到有一天，我和一个关系很好的法国女性朋友（她大学修过两年社会心理学）在一起，她夸我的连衣裙好看时，我又说："这是我去年打折时买的……"

她反问我："别人夸奖你是对你的欣赏，你干吗要说打折买的很便宜？你没有意识到吗，这么做是在有意降低你的价值。"

我这个"习惯自卑"的女人并没有马上领悟这句话的真谛，我说："我这真的是打折时买的，学生时期，谁买得起当季正价品啊？"

她说："可是别人夸你，并不是想要知道你的衣服花多少钱买的，这不是答非所问吗？你就微笑着泰然自若地说'谢谢'，不就很好吗？如果你想要让别人高兴，那么回答她说，'你的衣服或者配饰也很美啊'，这比你自损说这件衣服很便宜更会让对方高兴，不是吗？"

啊呀，真的是。这是我第一次意识到这个问题。我这才发现，习惯于贬低自己真的已经发展成我的一种下意识的行为。

我为什么要贬低自己呢？别人夸我，我心里其实是非常高兴的，可同时，我心中会有一种强大的自卑感，觉得不好意思，要赶快把夸赞这个"烫手山芋"扔出去。这暴露了我根本没有承受和消化外部夸赞和鼓励的能力。我自卑，这才是最可怕的问题。

前文说过，形成自信其实有两个前提条件，而那针催化剂就是自己得到了多少来自外部和内部的正面鼓励。

生活在打击教育环境下的亚洲社会，我们本身很少能获得鼓励，而当我们关闭了接受赞扬的渠道后，即使做出了成绩，我们也会说：这次成功是偶然的，我只不过有点儿狗屎运，事情很简单，每个人都能做好，又有何为奇？

　　自信和自卑的关系并不是一条线的两头，这边是自信，那边是自卑。在我看来，自信如天平，是指针指向中间的那个达到平衡的状态。指针向左还是向右，都不是自信。

　　在日常生活中，不自信就会表现成自卑或者过度自信。过度自信的人总是侃侃而谈自己的能力和辉煌，期望别人相信自己。这其实是一种"空手套白狼式"的自卑——就是因为不相信自己，才企图用夸夸其谈的表现"套现"别人的信任，再来填补自己的空虚。

　　这个世界上最简单轻松的事情就是推卸责任，看起来一身轻松，其实最终会落于一事无成的境地，被时代抛弃。一个没有自信的人无法掌握自己的人生，无论面对的是悲苦还是辉煌和成功，能得到的结论只有一个："这是命。"

　　所以，适度自信是人生中最重要的一个品质。但女性总是很难达到这种平衡。

　　说回现在的我，人近中年，有皱纹，有黄褐斑，连36码的衣服都穿不进去，染了头发后，白发的部分还会顽强地显现。我在高龄的情况下生了两个女儿，两次都是剖宫产，这让我有了很难消除的肚腩。当然，我不觉得它是美的，但是我知道这就是我，我接受我的不完美。

　　所幸，经过这些年的努力，我积累了很多经验，即便面对新的、陌生的挑战，也不再恐惧和慌张。更重要的是，我在工作上的成就让我受到了来自四面八方、各种各样的赞扬和鼓励，这才是最富有营养的"滋补品"。我可以挺着腰杆相信自己，可以说："我也行。"

　　只有自信的人才能获得自尊，只有自信的人才能懂得自爱。只有自信、自尊、自爱的人，才能完善自我价值体系，找到自己人生的意义，独立且自在地活下去。

今天的女性在大多数时候真的不是不行，而是不自信，被意念缚住了手脚，不敢主动争取，只能被动等待。可绚烂的人生是等不来的，在这个现实的世界，相信自己才是一切美好的开端。

为每一个小进步欢呼

我采访过演员黄磊，他说："奇迹，就是相信奇迹的人看到的一切。"同理，"自信，也是相信自己的人能做到的一切"。

从一个习惯性自卑的女人慢慢达到今天淡定释然的状态，我走了很多弯路，也总结了有效的方法。

从自卑到自信，听起来玄妙无比，却可以通过练习和研习实现。

所有对于自信的研习，首先是相信自己真的可以走出自卑的阴影，这是一个值得写在手机屏幕上、时时提醒自己注意的事项。改变心态之后，我认为比较有效的有 5 种方法。

1. 每走一步，都给自己一点儿坚实的温暖

在人生中，树立目标是一件非常有意义的事情，就好像在大海里有了灯塔和方向。

没有人把自己的人生目标定成"我要天天看两小时电视"或者"吃一盒巧克力饼干"。人生目标是要和自己做斗争、付出一定的努

力才能够达成的。当战胜自己、达成目标之后，我们内心的成就感就会油然而生，就可以转化成自信，储藏在自己的人生价值中。

可如果这个目标是不切实际地"伟大"，无法达成目标的颓败感就会轻而易举地摧毁所有良性的感知，之前的努力都会半途而废。

譬如，你想成为一个作家，你的目标是在一个月内写 10 万字，三个月内出一本书，还必须是畅销书，那结果一定是失败。人生目标的设定也是一样。最沮丧的人生不是失败，而是对自己失望。

那么到底怎么才能不被失败误伤、让自己坚持下来呢？答案就是循序渐进、适可而止地给自己设立目标，降低每个小目标达成的成本。每个成功的小目标都是一个大大的鼓励，而鼓励才是培养自信最肥沃的"黑土地"。

几年前，我刚开始写公众号文章的时候，一周更新一篇文章，然后变成每周更新两篇文章。就这么一点一点，变成了一周更新七篇。现在每周不止写七篇，因为我还要给其他杂志、网站或者平台供稿。

如果我们把时间退回到一开始，那时我就把目标定为每周更新七篇，那我一定会因为压力太大而提前退出。

确定目标的技巧是，目标不能过难，但千万不能过于容易。如果达成目标过于轻松，人就很容易松散、掉以轻心，不会再坚持。

设定目标的方法是，找到自己认为困难的临界点。如果我们把这个临界点定为 5，初期的目标就从难度 6 开始，坚持一小段时间，在难度和时间这两个参数上努力。譬如，第一级的难度是 6，给自己一个月时间完成，第二级的难度是 6.5，给自己三周时间完成。

让自己树立自信，就是让自己去尝试突破，但是每个人都有一颗脆弱且敏感的心，所以同时要学会保护和照顾自己。一步一个脚印，让一点点小的成功，一点点滋养自己，直到建立自信。否则，再多方法都是空谈。

2. 建立小目标之后，切断自己的后路

背水一战的时候，我们总是有特别大的勇气和爆发力；有多重选择的时候，我们就会心猿意马，缺少了勇气。那些总是有很多后路、很多选择的人，走到人生下半场，多半会越走越窄，反倒没有了退路。

还以我为例。我没有接受过专业职场训练，也没有接受过专业写作培训，作为一名全职主妇，为什么我能够坚持做微信公众号而不是别的平台呢？

是微信的规矩帮助了我。微信公众号每天只能发文一次，错过了就失去了今天的额度。

从最初一周一更的那时候起，我就咬牙给自己定了个死规矩，无论如何，我一定要在当天发文，没有特例。

有一次我感冒很严重，躺了整整三天，实在写不出文章来。我没有什么都不发，而是选了另一种方式，头晕眼花地爬起来，用 PhotoShop（图片编辑软件）做了一张图，告诉大家我病了，没有发文很抱歉，下周会准时。

那时候，我的公众号仅仅有几千人关注，点击量只有几百到 1 000。可这次，我却收到了 700 多条留言，都是让我好好休息，祝

我早日康复。

我虽然没有发文章，但是我坚守了承诺，又收到了这些从未谋面的读者的支持和鼓励，这是一种成就感，也是一种责任和压力，它们都变成了让我信任自己并坚持走下去的力量。

人，不要攻击自己，也不要姑息自己，要一鼓作气，朝着一个方向注入力气。

姑息一次是例外，姑息第二次就是泄气，姑息第三次，就已经开始丢盔卸甲，然后就变成了一种惯性，永无改变的可能。

所以，尽可能连一次姑息都不要有，这辈子能成就自己的只有自己。我们每个人的心中都住着一个软弱的孩子，积累自信苦难重重，摧毁自信却易如反掌。

3. 海量阅读书籍，成功学除外

常常有人请我推荐最应该读的书单，毕竟这个世界上的书实在太多了，一辈子也读不完。

我的书单就是，除了那些快速成功学，不分科分类，所有的书来者不拒。

如果你真的想研究成功学，那你可以考虑去研究一下卡内基，可就算是卡内基，也不敢跟你说 21 天让你收入百万元、升官晋级。

这种肤浅和盲目的成功学不叫书，它完全是被创造出来的暴利商品。没有你功利到盲目的追从，那个写书的人怎么可能 21 天收入百万元？

这个社会越转越快，我们已经没有时间和耐心停下来读书。人们希望有人把书中精华摘出来，一分钟读懂了一个核心的句子，就可以大喊"我读完了这本书"。

可是，我们读书并不仅仅是为了知道过去和现在发生的事情，更重要的是，要通过阅读，提升自己分析与处理问题的能力。换言之，我们要做一台处理器，而不是一台存储器。

所以在成功学书籍之外，我鼓励你去读任何类型的书，小说、散文、诗歌、戏剧，更有哲学、美学、生活，甚至关于品一壶好茶、烘焙蛋糕的书……每一本书都有自己的创意和思考，都能让我们得到认知上的提升。

书读得多了之后，慢慢地，你就会有自己的看法，有自己的喜好和思考，会做出自己的评判。这是一个思辨的过程，这个过程本身就是建立自信、探索世界的第一步。

请记住，读书有一个"读进去—读出来"的过程。

书，读不进去是文盲，读进去却出不来的是呆子，只有读进去又能"读出来"，才算百炼成钢。如果读书时永远都在人云亦云，看A书，觉得他说得对极了，转头看跟A书有悖的B书，又觉得这是至理名言，那么你就还是个书呆子，没有"读出来"。

判断有没有从书里"读出来"的标准就是，当我们在读一本书的时候，自己有没有新的想法；一本书阐述的观点，是否能激荡出你的新观点。

在人群中可以气定神闲地侃侃而谈，轻车熟路地驾驭各种问题，知道别人不知道亦不了解的话题，而且通过思辨，能阐述自己独特的看法……这样的你，就会非常容易获得外界的赞叹和敬仰。它们都会转化成滋养自信最有效的成分。

4. 在自己人生的"射程"之内，找到一个导师和榜样

通常情况下，女性比男性更加感性，更容易产生情绪。可仔细想一下，人生中的很多情绪，比如羡慕、嫉妒、攀比和炫耀，都是有"射程"的，我们在面对自己附近的人群时才会产生情绪。

譬如，你看到报纸上有人中了大奖，你也许会赞叹别人的运气，但这不会改变你的习惯，你也不会去买彩票，反正天天都有人在中大奖。

然而，当你发现中大奖的这个人是你的同学、邻居、闺密时，情况就会不一样了。你会质疑，"这小子怎么会有这种狗屎运？"你可能会想，"这个奖项公平吗？"自己周围的人中了大奖，会大大提高你去买彩票的动力，因为我们会下意识地知道，买彩票真的可以美梦成真。

这种现象产生的作用可以是正面的、负面的，也可以是中性的。既然我们想把它运用在自己的人生修为里面，那当然要用在正面的情绪里，对于需要鼓励的女性来说更是如此。

生活中的大多数人，尤其是女性，经常会下意识地选择一个偶像来模仿，选择一个名人或者明星来激励自己。这未尝不可，但同

时我们也可以选择一个自己社交圈里的真实导师作为榜样，这样你会有更多的认同感。

譬如说，我有个亦师亦友的女性朋友，虽然我从来没有跟她说过，但我一直把她当作我的导师。因为和她在一起，我能学到很多东西。作为女性高管，她如何取舍自己的职业和家庭，如何管理和支配自己的时间，怎样在尊重自己价值观的前提下做出最优选择等，都让我颇受启发。

当我遇到很重大的问题时，我会跟她约见一下，聊聊天，听听她的意见。我并不是每一次都会完全采纳或者执行她的建议，但是她的意见每一次都会给我带来启发，令我深思，进而帮助我达到另一层境界。

我想，这就是偶像和导师的区别。

我一直提醒自己不要崇拜一个偶像，因为"射程"太远，我们根本不会清楚地认识到自己的偶像究竟是寒门贵子的励志楷模，还是根基丰厚、无须努力的富二代。

而导师不同，他就在我们的社交圈里，我们可以和他正常交流。导师可以作为一个在我们人生中实际存在的励志的影子，激励我们前进，因为他是真实的，更容易让我们产生正面的心理暗示：既然他行，我也一定行。

这位导师并不一定要你郑重其事地敬茶、鞠躬，因为这会增加导师的压力，可能有些人会拒绝这种待遇。我觉得可以根据自己遇到的导师的人格和态度来决定，就算没有拜师仪式，也可以发自内心地把他当成学习的榜样。

导师并不是一成不变的，对我来说，在人生的每个阶段，甚至在每个场景，例如工作、育儿，都应该找到自己的导师。正如孔子在两千多年前说的那样："三人行必有我师。"

如果有一天，你认为自己再也找不到导师了，这并不是说你已经登上巅峰，而是你的价值系统出现了问题，让你从自卑变成了过度自信。这时，你或许需要更新自己的朋友圈。

5. 养成运动的习惯

我一直非常遗憾，像很多中国女人一样，我缺少一个有运动感的少年时代。

我们的少年时代太过灰暗且平静，被束缚在一个狭小的活动范围内，被湮没在"书山"里。再加上"喜静""大门不出二门不迈"一直被视为中国女性的"标配"，即便是在现代也少有改观，这就导致很多女性缺少运动方面的意识和常识。

一个人如果从小就没有接受过系统的运动训练，在成年之后，真的非常难养成运动的习惯。

人为什么要运动呢？事实上，运动不仅仅是为了身体好，也不仅仅是为了体形美，更大的作用是让我们感知自己的肌体，让我们有控制感。

人再聪明，终究是一种动物，我们从出生开始就在努力地挑战自己的体能，控制自己的身体。随着我们的成长，我们从不会行动的婴儿变成了上蹿下跳的少年，我们对于身体的控制也步入了全新的阶段。

那些长期保持运动习惯的人更容易自律，更容易控制自己的人生和情绪。与之相对应，无论是有意还是无意，不能够控制自己身体的人总是更难控制自己的情绪。那些喜怒无常的人不仅仅会给周围的人带去负能量，自己的生活状态也总是不尽如人意。

我每次去运动之前都十分抵触，需要给自己做很久的动员工作才能鼓起勇气开始。可是每一次，当我开始运动或者运动结束时，即便满头大汗、腰酸腿疼，心情也是格外欢喜，打定主意下次还要来，虽然下次再来之前依然会有抵触情绪。

运动并不仅仅是动动身体，稍微进阶一点儿的运动就需要技术、认知和行动力方面的配合。通过运动，我们会懂得什么是坚持、什么是忍受、如何发力，以及如何保存自己的实力……身心是一体的，当我们的心可以自如地控制身体，从健康的身体那里得到正向回馈时，我们就更容易相信自己。

关于自信，我曾经在一篇文章中讲道，因为婴儿时期患病做手术，我的一颗牙齿歪了。生于20世纪70年代的我在成长的过程中，完全不知道正畸这种治疗方法。成年之后，我受到困扰，很是自卑，所以分享了这一路走来的自愈历程。

文章发出去之后，爆出几千条留言，全是自卑满满的女人的留言。大多数读者都跟我说，她们完全无法相信，看起来成功且优雅的我居然也会自卑，而且会习惯性自卑，这让她们对我有了更深入的认知。

其实，看到这里的朋友们应该已经完全了解了，在我的习惯性自卑中，这颗牙齿仅仅占了很小的部分。

今天，面对别人的夸赞，我终于可以微笑着说谢谢，但是这并不代表我已经完全脱离了习惯性自卑的魔掌。有的时候，情绪来了，我仍然需要进行自我控制和调节。

事实上，这个世界上大多数正面的、积极的、好的能量都是相通的，譬如主动、自立、自信、担当、强大和幸福……大多数负面的、消极的、坏的能量也都是相通的，譬如被动、依附、自卑、逃避、软弱、懦弱和喋喋不休的抱怨。

我想，我的经历一定能让很多正在苦恼的女性明白，自信并不是一种天赋，而是后天的积累。这种积累并不需要你赚成千上亿元，或者拿到奥斯卡最佳女主角奖，而是一系列有意识、积极的行动。去调整自己的心态，给自己设定一系列小目标，让自己如打怪兽一样层层闯关，自己的每一个小进步都值得欢呼。

与其看着别人辉煌的人生，感叹自己人生的灰暗和悲苦，不如给自己一个机会，勇敢去尝试，相信自己、尊重自己、爱自己、找到自己的价值。这就是一个女人真正的独立，这才是通往更好的人生的途径。

第 五 章

与情绪和平共处

每个崩溃的瞬间，
都有情绪捣鬼

有一天，我的工作特别不顺利：文章写不出来；第二天要发的广告写了又写，可就是做不到让广告主满意；我们的另一个公众号居然发错了文章题目……整整一天，我精神高度紧张，马不停蹄，身体已经非常疲惫，只有头脑在极度亢奋地应付。

晚上我先生有应酬，我一面跟孩子们吃饭，一面眉头紧锁地看着如潮水一样在手机上翻滚的信息。这时，我那4岁多的小女儿突然从座位上跑开，拿起姐姐放在地上的绒毛小熊，一面唱歌一面跳舞。大女儿见状，放下叉子去抢那只小熊，嘴里喊着："这是我的，你不许动！"

两个孩子争抢东西本来是二胎家庭的日常小事，可那天两个孩子的争吵声仿佛是一根大头针在我已经快要爆炸的头上扎了一个洞，我的怒火以肉眼可见的速度喷发。我抬起头，冲着姐妹俩大吼："Stop！（停下！）你们都给我停下！"

我的声音是如此爆裂，吼声到了连我自己都震惊的程度，把两个孩子吓了一跳，她们哆嗦了一下，立在当场，没了声音。我知道，我的反应过于激烈了。

我怔了怔，迅速整理了一下情绪。以我当妈妈的经验，我不能一下子从暴躁变成和蔼可亲，因为那样孩子们就会觉得我没有底线且混乱。于是，我尽量用一种相对平和的口气对女儿们说："都回到座位上吃饭。"

两个孩子还被笼罩在妈妈大吼的震慑力里面，立刻回到桌子旁吃饭。子觅用她最快的速度吃完饭，举着空碗，仰起头来对我说："妈妈，你看我吃完了。"

她的样子就像是一只正在摇着尾巴祈求、讨好主人的小狗。我的心都化了。

我本来只是想阻止她们的争执，完全没有想到在张开口的那一瞬间，情绪不受控制地喷发，就好像是按下了抽水马桶的按钮，哗的一下卷走了所有的脏东西，然后整个人就清爽了。但是我立刻意识到自己犯了一个错误，马上陷入对孩子们的愧疚里。

这是在每个家庭中非常普遍的一个场景，几乎每天都会上演很多次，原因就是占据主导地位的母亲——我——没有控制住自己的情绪。

作为一个有娃、有工作、有老公的中年女人，每天让我觉得力不从心、备感疲惫的，不仅仅是要处理的琐事，更是被压力和焦虑怂恿着、控制不住的情绪。

那种感觉就好像是滔天的洪水疯狂地涌向大堤，惊涛拍岸，吞噬一切。发泄之后，大约有一秒的清爽，然而回头再反思刚刚的情绪，我就会感到内疚或者委屈。这就成了新一轮负面情绪堆积的开始，它等着下次的一场外界刺激，再次爆发，形成一个恶性循环，把自己封在闭环里。

每天、每时、每刻都在影响我们情绪的究竟是什么？

我们认定，情绪其实是一系列主观认知经验的统称，是多种感觉、思想和行为综合产生的心理和生理状态。

情绪，是以个人的愿望和需要、当时的情境因素、事件、目的等配合激素混合的一种超出语言的心理活动，我们看不到、摸不到，但它却是真真切切存在的。

重要的是，所有的情绪都会导向对应的行动：大吼大叫、流泪、大笑，或者搓着手，或者摇头摆尾地跳……所以，情绪有一个必然的从内部向外部延展的过程，一旦产生了，结果一定是释放，让别人也知道。

情绪的存在只是为了倾泻我们的感受。譬如，每个崩溃的女人"排山倒海"的情绪发作，背后一定有一地鸡毛的琐碎。可是崩溃之后呢？人生还是原来的人生，问题还是原来的问题，发泄改变不了任何现状，还是需要自己冷静下来，一件一件地应对！

说起情绪，普通人最习惯讲的就是"开心"或者"不开心"，其实这是两种类别的情绪，开心代表着正面情绪，如快乐、幸福、愉悦、惬意……而不开心代表着负面情绪，如痛苦、悲伤、恐惧、窘迫……虽然人人都喜欢正面情绪，但非常可惜的是，在现实生活中自然产生的情绪，绝大多数是负面的。

今天，中年女人群体给社会留下的刻板印象就是灰色、委屈的负面形象，写满了无力和软弱交织的愤怒与焦虑。而盛年女性即使再精简生活，也有太多无法挣脱的事务要处理，与此同时，体内激素正在改变，整个人的精力、体力、理性意志系统会更脆弱，面对情绪会更加无力，从而被情绪牵着走。

正如上文举的例子，一个母亲面对自己的孩子时，因为心里有太多爱，所以一旦发泄了负面情绪，就会立刻陷入自省，并力图挽回因发泄情绪造成的伤害。

可面对其他成年人，譬如说丈夫、父母或者员工和朋友时，女人在愤怒之后更多的却是陷入委屈，进而变本加厉地埋怨："我的压力已经这么大了，你非但不能帮助我，还在不停地打扰我，你到底想怎么样？"

在所有的负面情绪里，埋怨和委屈的杀伤力最大，它们会深刺内心并慢慢地腐蚀内心。女性比男性更敏感、更为感性，会更加关注和在意外界的态度，结果就是女性的情绪导向会更加明显，女性更需要控制和管理负面情绪。

如果把情绪比喻成大海，那么每个人的力量总会被消耗殆尽，仅仅在水中被动地挣扎就只能溺水。在我看来，负面情绪最可怕的地方并不是造成伤害时的无法控制，而是人一旦陷入负面情绪，就不会再有力量。

我们要做的是学会游泳，即使情绪的大海掀起波浪，我们也可以游出来。从被动随波逐流变成主动决定方向，制造正面情绪，让自己的人生更顺畅、更有活力，否则就只能被海浪吞噬。

为什么越亲近的人，
越容易互相伤害？

　　如果有一天你在现实生活中接触我先生本人，你一定会认为他是个特别开朗且温柔的人。他总是笑眯眯的，像一只招财猫，为此我常常收到羡慕的"膝盖"——"太羡慕你了，能嫁给这样的男人"。

　　而我只能沉吟片刻，说："那是因为你没和他结婚、和他一起生活。"

　　我先生是个过度追求完美且脾气急躁的处女座，常常因为某个细节没有达到他的要求，就开始着急、发脾气。他的脾气就像是嗓子里的一口浓痰，片刻不能忍受，要急切地一口吐出来，全然不管会不会伤害别人。

　　他情绪爆发的时候，恶劣的态度和强硬地"扔"过来的言语是一种巨大的伤害，让我疼得要死。对此，我深恶痛绝。

　　随着时间慢慢过去，我们越来越熟悉，我变成了一台精准的探测器，可以非常清楚地探知他什么时候要发脾气。我只要感觉到这点，就一定会先发制人地朝他发脾气，用这种方法来保护自己。接下来，我们就会剧烈地争吵，吵完之后，两人都遍体鳞伤地等着这场"暴风雨"过去。

有一种现象，即越亲近的人，越会相互伤害。我们彼此伤害的程度和痛苦跟我们彼此相爱的程度和亲密度完全成正比。伤害是相互的，伤害我们最深的人也是被我们伤害最深的人，这与遗产继承排序完全吻合，第一顺序就是配偶、子女和父母，然后是兄弟姐妹，姑姨叔舅，之后才是朋友、同事、领导、老师……

我们常常会和别人意见不同，然后双方对峙，各执一词，当每一方都特别想要表达自己观点的时候，自然的表现就是语速加快，分泌肾上腺素。可生活毕竟不是一场连着一场的辩论比赛，每个参赛选手在据理力争的时候，还能完美掌控自己的情绪。由于绝大多数人都不喜欢吵架，甚至害怕吵架，所以在日常生活中，人人都想要以我方胜利为目的速战速决，最好拿一把锤子，一锤把对方砸晕，自己全胜，结束战局。

可吵架也有不同，让我们用和同事的争吵作为例子。

有时候，我们会为了工作和某些同事非常激烈地争吵，但这完全不影响大家事后一起去吃饭、唱歌，而且往往"不打不成交"，吵过之后，下次工作起来反而产生了默契。

但是在工作中也有另一种情况，两个人可能因为一件非常小的事而争吵，争吵程度也不是太严重，结果就是从此老死不相往来，甚至面带笑容地暗自"使绊子"。

联想各自在现实中能够找到的例子，对其加以分析，区别这两类争吵的最根本原因就是感情。当两个人各持立场但就事论事，并没有涉及个人感情的时候，争吵可以是一种有效的沟通手段。可是一旦触及情绪，争吵就会无法控制，变成一种互相伤害。

为什么一般情况下和同事之间发生冲突，影响不会特别大呢？因为我们和同事的感情联结不是特别紧密。如果从同事转向更亲密的关系，成了朋友、夫妻等，感情就会更紧密，也更容易对彼此造成伤害。

为什么越亲近的人，越无法控制情绪，对彼此的伤害越深呢？

1. 感情越深，我们就越希望对方能做到感同身受

感情让我们忘记客观——那个被我们深爱的人也是个独立的个体，有自己的看法和态度。所以，感情越深，亲密感越强，我们就越无法就事论事，就越不能接受对方不理解自己的感受这个客观事实。

我们理所应当地认为："我是这样痛苦，我是这样愤怒，我是这样爱你，你怎么可以不站在我的立场，不在第一时间，和我感同身受？"

这个想法让我们失望，也让我们痛苦，由此产生的负面情绪就非常容易变成"你自私""你不在乎我""你在耽误我的时间"等，这在更多时候让我们无法接受，觉得怨恨和委屈。

2. 关系越持久，积怨越久

情绪是有记忆的，如果我们总是在同一个地方绊倒，情绪就会累积得越来越多，态度就很容易变得激烈。

建议大家观察和记录一下，无论是和配偶还是和父母吵架，基本上都是差不多的过程。

最初一分钟，是因为发生了某一件两个人没有达成协议的事情，比如"你为什么没有洗碗"。一分钟之后，双方就是为了情绪在吵架了。我们基本会有这样的感受："你凭什么这样跟我讲话？"三分钟之后，双方就会陷入一种大家都是受害者的情绪中，开始翻旧账，各自倾诉气愤和委屈，类似："你不但不洗碗，也没有洗袜子！""昨天、前天、上个月、去年，你都没洗！""如果一切都让我来做，那我找老公干什么？""我累死累活赚钱养家，你干吗这么指责我？"

三个小时过去了，当双方终于筋疲力尽地把自己肚子里面的"气"放掉后，冷静下来去想一下，如果没有发泄后面风起云涌的"受害者情绪"，事件只不过是洗个碗。

当我们把一件事情放到一段亲密关系中后，关系持续越久，就会有越多的陈年旧事来使双方的"受害者情绪"发酵。

3. 腹黑的情绪，让我们"心安理得"地伤害自己人

我们的情绪不仅智能，而且十分"腹黑"，可以欺软怕硬地选择

承受的对象。那些让我们有安全感的人，譬如父母和孩子，使我们十分清楚，即使争吵，也不会有多大后果，他们爱我们，还负有责任，不会离我们而去。所以在某些时段里，我们并不是做不到控制和疏解自己的情绪，而是有意任性，释放自己。

可是面对同事、朋友或者公司领导时则是不一样的。朋友可能甩手离去，同事可能从此给你"使绊子"，而领导会对你做出何种处理更是无法预测。所以，无论多么气愤、悲痛，我们都可以强行控制自己的情绪。

4. 每一段亲密关系的本质，都是"政治"和斗争

每个人都是自私的，都以自我为中心，想要尽最大的努力扩大自己的张力，这是每个人处世哲学的第一要素。人们之所以组建社会，就是希望人和人在一起的时候，谁都无法随心所欲，必须遵循大家都可以接受的某种法则行事。

这是终生持续的矛盾，只要涉及人和人的关系，我们就要面对"寸土必争"的对峙。关系的亲密程度越高，双方的关注程度越会成正比增加，这大大地增加了彼此的撕扯力度，导致受伤的痛苦程度加深。

无论是在社会还是在家庭中，当一个人的情绪浓度足够高的时候，他的情绪会很容易地自然引爆或者被引爆。爆炸足够激烈时，会伴随着怒吼、眼泪、暴力……遇到这种情况，人们都会退让，让

他发泄自己的情绪。

　　但要注意的是，情绪爆炸首先是在向别人展示自己的弱点，这是个非常容易产生抗药性的办法，因为当一个人情绪引爆太频繁时，大家就会认为这个人情绪不稳定，不能承担责任，而且不太"高级"。另外，情绪爆炸对自己是反反复复的内损，让自己充满悲伤、疲惫和对世界的不信任感。

　　前文已述，面对外界的刺激和别人的行为，我们的情绪并不是完全被动的，而是可以根据自己的意愿控制的，虽然这并不容易，但我们完全可以做到。现在我们还知道，调整情绪其实是相互的，有对自己情绪的控制，也有对别人情绪的化解，尤其是在面对自己所爱、在意、关心的人时。

从环境到内心，
是什么在影响我们的情绪？

　　既然我们已经知道日常的一举一动都会被情绪影响，那我们需要了解的是，到底是什么影响了情绪。

　　没有人能脱离环境对自己的影响。我们只有了解和理解一个人从外界刺激到内心笃定到底有几个思维层面，才能够对症下药地去学习如何控制自己的情绪。

　　有一段时间，我研究过 NLP，这是神经语言程序学（neuro-linguistic programming）的英文缩写。NLP 在发展道路上不断吸收心理学、逻辑学、哲学等其他学科的观点，兼容并包，整合成自身的学术论点，有其独立的逻辑体系。

　　根据 NLP 精神体系，我们可以把环境对自我的影响划分成几个不同的层面，每一层都代表个人思维能够达到的一个层次，最中心的圆则代表着已经觉醒的自我意识。对于一个成年人来说，从外向内是一个不断深化的自我成长和强大的过程。越是停留在外圈的人，"受害者情绪"就越严重，人生也会越委屈和被动；越能够深入碰触自我，甚至唤醒自我意识的人，对自己的人生越有掌控度。

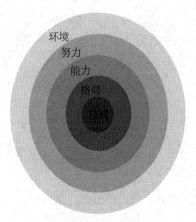

图 5-1　环境对自我的影响规则

第一层：环境

面积最大的最外圈代表环境。我们每天都会遇到的并非源于自身的东西，全都可以归结到外部环境对我们的刺激。停留在这一圈的人的思维方式非常简单，他们不仅会非常容易受到外界的影响，而且会非常容易把自己的问题归结到外界。

譬如，这个月没有完成工作任务，那是因为经济形势不好；没有拿到奖金，那是工资制度的问题；正在协议离婚，都是因为伴侣不好，让我过不下去。

总之一句话："我一切的痛苦，都是所处环境中的其他人和事造成的，我完全是一个受害者，我委屈！"

第二层：努力

一旦我们超越外界环境，走向自己的内心，那么就可以走到思维的第二圈：努力。

我想我们每个人都一定认识几个特别有正能量的人，他们永远在喊着："我们要努力！"

在自我修养层面看，能够想到要努力，就是已经摆脱了最基础的根据外部刺激被动做出反应的情形，迈向了更高一级，从外部开始转向自己的内心。

努力本身是一种有正能量的人生态度，可是不分轻重主次地去努力，往往适得其反，遭人厌烦。这几年，"鸡汤"类文章令人非常嫌弃，主要就是因为"太努力"。

举个简单的例子。有人想要创立一个独立服装品牌，可是衣服生产出来，销量就是上不去。大家开会讨论，有人说，可能是款式的问题；有人说，可能是价格定位的问题。如果这时候，有人大喊"我们要努力"，那他一定会遭到所有人的白眼：不着调！

是的，并不是大汗淋漓或者"头悬梁，锥刺股"才叫作努力，努力有很多方式，比努力更重要的是找对努力的方向。

第三层：能力

当人们发现努力并不能解决所有问题之后，有的人会灰心放弃，退回到上个圈层——环境，觉得这个世界不公平，每个人起点不一样，只能听天由命。

可总有人在努力之外发挥强大的思维能力，继续深入自己的内心，主动考虑："既然我无法改变环境，努力的效力也不大，那么问题究竟出在什么地方？我还能做什么？"

继续拿刚才的例子说，这就涉及能力了。将专业知识、经验阅历融会贯通之后，才能做出正确的判断，到底是渠道有问题还是设计有问题，怎么改变自己的销售策略，找到对自己最有利的解决方案，及时执行。所幸的是，能力是可以通过后天的学习、实践和努力提升的。

第四层：格局

有了足够的努力和足够的能力，是不是就可以解决一切问题了呢？事实并非如此。很多时候，在人生中遇到的阻力来自更深的价值观和人生信念。当价值观不够成熟的时候，我们还是无法掌控自身状态。

我们继续沿用上文的例子。如果这个服装品牌的目的是在阿拉伯国家人口聚居的地方售卖短裙，那么显而易见，这注定是不会成功的。

在普世的观念中，我们认为价值观是一条线，不是黑的就是白的。事实上，每个人的身份和角色不同，价值观也是各不相同的，一个人的价值观就是一个独立体系。

社会上一直都在把"见世面"作为衡量一个人能否赢得尊重的前提条件。见世面，说白了就是努力去扩充自己的价值和信念，让自己变得更加丰富、更加强大，才能够海纳百川。

这就是我们常常说到的另一个比较抽象的词——格局。价值观和人生观决定了你的格局，没有格局，努力和能力都会缺少意义。

第五层，也是核心层：自我

我们必须走过了这些心路，才能到达自我这一层。

今天每个人都在说需要强大的自我，可大家往往都无法定义究竟什么是"自我"。用比较形象的比喻来说，自我是一栋玻璃做的房子。从房子里面看得到外面的田野、山庄、大海、湖泊，我们以为一切都是触手可及的，直到奔过去撞到玻璃墙上之后，才知道自我在哪里，底线在哪里。

在我看来，自我就是自己对自己的认证、定位、评价和思考。自我的精神意识主宰着每个人行为处事的方式和态度，决定着你是一个容易受别人影响的人，还是一个可以去影响别人的人。

作为一个人，物质固然是重要的，但是在物质极大丰富的今天，精神才是决定人生质量的关键。

想要有一个让自己悠然自得的人生，关键在于建立一个有独立思考能力的自我，有和自己的价值观匹配的格局，以及能够实现目标的能力，这样才能够在这个纷纷扰扰的世界上不过分地被影响，在属于自己的方向上努力，脱离被动的人生。

　　找到自我最困难的部分是从主观出发对自我做出客观的评价，不过分自恋，也不过分自卑。这从来都不是一蹴而就或者能够歪打正着的事，它需要按部就班地，按照由外向内、从低到高的秩序来建立。

学会控制与疏导，
不让情绪灾难发生

在很长的时间里，人们一直认为情绪是外界的某个人或者某件事影响了自己，继而产生的心理活动。既然无法控制外界会产生什么样的刺激，那么情绪便是不受自己控制的，无论是好情绪还是坏情绪，我们都是被动的，只能承受，无法改变。

常常有人说，"我天生就是个暴脾气，改不了啦"，或者被情绪挟制，"最近真的太衰了，什么都不想做"，抑或是迁怒他人，"他永远都这样，我只能忍着，真的太委屈了"……

当情绪累积到一定程度时，我们就会崩溃。崩溃，相当于把情绪倾倒干净，然后我们可以轻装前进，一直到下次崩溃。

这看起来是一种正常的、情绪主导人生的循环，但我把这种状况叫作"情绪灾难"，因为这其实是一种内耗巨大的状态。

道理很简单，把人想象成一只气球，球一旦爆炸成碎片，就算能再拼起来，也是伤痕累累，而且崩溃后的伤痕会为人生埋下更痛楚的隐患，徒增压力感。

打个比方，在办公室里收到了花和礼物，会觉得开心、幸福；

回到家，看到一片狼藉的客厅，就会吼叫着发脾气。反之，如果回到家，一切都整洁有序，我们又会感到开心而惬意。同理，如果在收花之前，自己因为失误错失了一笔大单子，你还会觉得收到花开心、幸福吗？答案无疑是否定的。

既然我们已经确认情绪是从外到内一层层引发的，那么就是说，我们也可以从内到外一层层地控制它，选择和过滤外来信息，达到自己主动决定会产生何种情绪的目的。

时刻谨记，每个人面对他人或自己时常常会试图掩盖情绪，要知道情绪尽管看不到、摸不到，但却是一种绝对真实的意愿表达，是一个实际存在的东西。

情绪真的不能够被控制吗？只能在受到外界的刺激之后才能做出反应吗？面对可能爆发的情绪，掌握 3 个关键，就比较容易控制住自己。

1. 学会辨认自己正在感受的情绪类型

正如我在前文说的，当我们说"不开心"或者"没心情"的时候，那是某种负面情绪的统称，很多时候，我们并没有分辨清楚自己正在感受的是哪种负面情绪：愤怒、嫉妒、焦虑、紧张、内疚、遗憾、恐惧、失望……

为什么要辨认清楚自己究竟处于哪种负面情绪之中呢？

因为情绪的存在是有意义的，正面情绪可以帮我们提升人生的价值，而绝大多数负面情绪的存在可以说是一种警示。

譬如，焦虑往往是在告诉我们：你的能力和时间不足，所以你才有未来不可控的感觉。这时，我们需要更努力地去提升自身能力，让自己更有控制力。

再譬如，嫉妒是因别人胜于自己而产生的忌恨心理，如果能够正确地看待和掌控嫉妒，就可以把嫉妒变成自己努力前进的动力。毕竟那个让你嫉妒的人如果在身边，你就会更加容易近距离观察他和向他学习。

没有人能够代替你去检测自己的情绪，你只能靠自己辨认正在感受的负面情绪，再对症下药，这是很重要的一步。

2. 面对负面情绪，最理想的办法是淡化，直到消除

情绪没有对错，产生了就是产生了。当一种情绪产生并且开始影响我们整个身心的时候，我们就需要正面处理这种情绪。一味地躲藏和不承认的结果，只有让"洪水"更加泛滥。

无论是忍耐还是爆发，都不是调整情绪的最好方式，因为这两种方式只是物理作用，是人为地把情绪转移到别的地方去，可是情绪还在，随时可以反扑，造成更恶劣的后果。

我听过一个方法，即把那些负面情绪幻想成自己讨厌的人，继续幻想这个人遇到倒霉的事情，譬如出门踩到狗屎，自己就会开心起来。可这种方法对于思维成熟的成年人而言，未免过于幼稚。

那么最好的方式是什么呢？

就是能够说服自己，平静下来，换一个角度来审视这个问题：我为什么会有这种情绪？它是否可以给我带来正面的意义？我能不能换一个角度去考虑这个问题？看看这种情绪究竟想要告诉我什么？诸如此类，从而达到控制情绪的目的。

一旦可以分析自己的情绪，我们就可以接受自己正在被情绪影响的事实，就可以把大部分或者全部的负面情绪淡化或者消除，进而就事论事地思考问题、处理问题，这才是真正的化解负面情绪。

3. 学会和消除不了的负面情绪共处

并不是所有的负面情绪都可以被淡化和消除。当我们做不到淡化和消除这些负面情绪时，我们到底应该怎么做呢？很简单，接受它，配合它的涨跌曲线，把它造成的不良后果减到最小。

譬如，这几年大家都在讨论的原生家庭伤害问题，其实就是一股实在无法平复也没有办法纠正，并且一直存在、持续对自己产生伤害的情绪。

一遍一遍向自己或者向任何人去控诉自己曾经受到的伤害，往往会在回忆中造成更多的伤害。正确的办法是，告诉自己，每个人都会有情绪、受伤害，这是正常的，负面情绪的出现也是正常的。我们要接受这些情绪和伤害，同时要做的是，不要被情绪主导，不让它继续伤害自己。

情绪就像洪水，如果我们过分堵截，必然会洪水滔天；没有限制和控制地去开闸泄洪，也会带来过度的困扰。给自己一点儿空间，把情绪放在那里，等到洪峰过去，再重新开始生活。

在日常生活中，我们会认为那些看起来没有情绪波动或至少没有表现出负面情绪的人更为优雅、更有修养。所以在很多情况下，大家都认为表露情绪是一种非常丢脸的事情，想要拼命去阻止、回避自己的情绪。其实那些看起来优雅、更有修养的人并不是没有情绪，而是懂得如何管理情绪，尤其是把自己的负面情绪限定在可控范围内。这才是人和人之间真正的差距。

别人闹情绪，
如何自我防御

虽然控制自己的情绪很重要，但无论如何控制，我们都无法摆脱环境的影响。

《圣经》记载，圣人是有人来打他左脸，他递给人家右脸。但这个世界上，谁能是圣人呢？在很多情况下，就算我们能掌控自己的情绪，遇到得寸进尺、不停挑衅我们的人，又有谁能够一味退让、内心毫无波澜呢？

控制情绪这个问题其实有两层含义，一层是控制自己的情绪，另一层是面对别人的情绪。两者有先后顺序，我们必须在学会控制自己的情绪之后，才能学会面对别人的情绪。

我们要知道自己永远无法控制他人的情绪，即便是父母与子女、妻子与丈夫，在面对他人的情绪时，我们只能根据自己对这个人的了解和猜测去推断其会出现一种怎样的反应，再来决定应该对此做出怎样的反应。

在面对他人的情绪时，我们只能用"处理"或者"引导"等行动，以达到不影响自身情绪的目的。

1. 接受他人的情绪

就像我们要学会接受自己的情绪一样，我们也需要学会接受别人对自己展现的负面情绪。这种接受并不是认同，而是接受别人有产生这种情绪的理由和可能。

就拿夫妻之间的争吵来说，很多时候，我们吵架的原因是对方的愤怒导致我们也异常愤怒，甚至让自己忘记了愤怒的原因。

"他凭什么这么跟我讲话?! 他凭什么这么做?! 他凭什么这么对我?!"一方越是这么想，就越觉得愤怒、委屈，那么双方就越没有冷静下来的可能。结果就是愤怒的情绪席卷了双方，崩溃也是双方的，虽然大多数时候我们只能看到自己的痛苦。

所以，想要处理别人的情绪，第一步就是要接受别人对自己有情绪这个事实。接受的意思就是："我已经知道了你的情绪，来吧，我们看看应该怎么办。"

2. 肯定他人的情绪

换位思考，如果正在悲伤或者狂怒的那个人是我们自己，而对方说的是："我看到你在生气，你到底怎么了？"

这时候，我们可以恢复平静，一五一十地跟他分析和解决问题吗？这种可能性一定小于 50%。相反，可能还会有人被激怒："你这是什么意思？'看到我在生气'，你是在嘲讽我吗？"

所以，在接受别人有情绪的基础上，"肯定"对方的情绪很有必要。"我看到你在生气，你看看，你的嘴唇都白了。我虽然没有看到这件事的开头，但是我理解你在生气。"

我们并没有说"我理解或者认同你生气的原因"，我们并不是为了解决问题而放弃自己的立场，只是在说，"我理解你在生气的事实"。

但我想要强调的是，在这个时候，如果想要避重就轻地去掩盖别人的情绪，是非常不明智的。

如果有朋友在你面前哭诉她的"丧偶式婚姻"、老公有出轨嫌疑，你却一味地说，"你们好着呢，这是小事，完全没有问题"，她就会觉得你在敷衍，不再愿意和你交谈。哪怕你知道她老公没有出轨，在别人处于情绪巅峰的时候，我们也应该用更迂回的方式来表达，比如"我明白你的感受，他总是不在家，你觉得非常不受重视、很孤独"。

因为每个人都万分希望得到肯定，在激烈的情绪斗争中，如果有人愿意承认自己有情绪，并且肯定自己的情绪，这毫无疑问是一个非常贴心的抚慰，能让人放松紧绷的神经，乐于与你沟通。

3. 从负面情绪里找到正面意义

当我们可以解开铠甲、交流情绪时，这无疑是一种特别私密的亲近行为，这是我们需要珍惜的感情交流，无论是跟家人、朋友，还是跟同事、领导。

战友之所以亲密无间，就是因为一起趴过战壕，出生入死。一起深度交流和分享过情绪的人，一定会有比别人更加亲密的关系。

淘气、不懂事的小孩儿不可能一天就自立，习惯无所事事的老公也不可能因一次争吵就从"丧偶式"的婚姻状态中满血复活。很多时候，我们需要针对一个问题反复地去争执、去处理。每一次看似没有进展的对峙，其实都是在慢慢累积。

其实，并不是每一种人生问题都能找到一个解决方案，很多时候，我们有情绪就是因为我们找不到解决方案。但是两个人在一起交流情绪，从彼此的情绪中帮助对方找出正面意义，就算到最后问题还在，找出正面意义的过程也是一种心灵的治愈。

所谓的情绪就是一种感觉，无论是自信、坚定、乐观，还是不放弃，都是一种源于内在的感受，和情绪密切相关。

我们可能会对世界上很多事、很多人产生情绪，无论是正面情绪还是负面情绪，本身都不是问题，因为情绪是每个人生命中不可分割的一部分。问题是我们应该如何看待和处理由情绪产生的问题。要知道，就是因为我们有了情绪，才有了一笔笔珍贵的人生积累。

我记得，我曾经跟一个三胞胎的母亲聊天，她说："我都不知道最初七八年是怎么过来的，每天都活在黑暗里面。我总是手忙脚乱，措手不及。现在他们终于长大了，我看着他们在阳光下奔跑，有那么多往事一幕幕地闪现，就是因为我曾经那么辛苦，我才更加觉得人生真的是美好的。"

是的，我们之所以能够记住那一幕幕往事而没有记住别的细节，就是因为那时那景使我们有了情绪，有情绪才有了记忆。

　　在这个世界上，没有人能改变自己的出身、血缘，也很难改变自己的容貌、性别，这些都是硬件部分。但老天还留给我们另一种可能，就是改变自己的内心，掌控自己的情绪，把自己调整到最佳的状态去面对人生。

第 六 章

在一地鸡毛里，学习时间管理

现代女性，
是重度时间焦虑症高发人群

我们都知道一句话："一寸光阴一寸金，寸金难买寸光阴。"可小时候的我常常会想，我能用光阴换金钱吗？钱比较重要啊！有了钱，我就可以买新衣服、新鞋子或者花仙子的贴纸，有了金钱就等于有了一切啊！然后，我就这么呆呆地长大了。

作为 70 后，我可能是拥有像罗大佑在《童年》里唱的那种有着痴痴发呆、异想天开的童年的最后一代，不知道这是一种幸运还是一种悲哀。80 后、90 后、00 后，还有包括我女儿这样的 10 后，从生下来的那一刻起，人生的每一分钟就已经被计算好了——多少岁达成怎样的目标、考出怎样的成绩等，一步都不能错，他们已经没有权利再发呆。

于是，从小就在赶点的孩子们都喜欢木心的那句诗："从前的日色变得慢，车，马，邮件都慢，一生只够爱一个人。"（出自《从前慢》。）和 100 年前甚至 30 年前相比，活在今天的人，尤其是扯开了裹脚布、走出家门的女性，其人生已经被大大地扩容了。想要退回从前虽然没有压力和焦虑却无知无觉的日子，真的不再可能了。

　　时间焦虑症是现代人的通病，相比男性，女性患上重度时间焦虑症的比例更大。我也患有时间焦虑症，每时每刻，总能感到一种无法挣脱的紧迫感，有时候静静地坐着或者睡着觉，我们都会猛地跳起来，大喊着："我还有事情没做完！"

　　为什么面对时间，女性会比男性更容易焦虑、更有压迫感呢？

　　第一，在过去的几千年里，藏在深闺里的女人研习的都是如何消磨时间，而不是如何化繁为简地整理和支配自己的时间。

　　第二，也是更重要的，走入社会并且承担工作重任的女性并没有得到与男性平等分担家庭事务的待遇，男性乃至整个社会大环境还在理所应当地认为家务、照顾孩子是女人的分内事。这就形成了好男儿只需建功立业，而好女人则要兼顾事业和家庭的意识。

　　譬如我，有了孩子之后，整个人生都有了很多变化：手指和脚趾变粗了，对猫毛过敏，记忆力下降……但是最让我难以适应的变化，就是我突然变成了一个"陀螺"，需要天天 24 小时不间断地急速旋转，如果因力不从心迟缓一点儿，就立刻会被狠狠地抽上一记皮鞭，逼着我火辣辣地奋力向前。

　　当一个人有永远做不完的事情时，他一定更容易焦虑，这是一个毋庸置疑的事实。

　　现代女性特别忙、特别焦虑，原因除了上述两个，还有一个，就是在处理家务时，女人因为从小到大被灌输了太多的原则和标准，相比男人来说，会花更长时间。

　　譬如，在 20 世纪八九十年代，虽然很多家庭都已经有了洗衣机，但还有很多人，尤其是女人认为：洗衣机洗衣服没有手洗衣服洗得干净。

我有个阿姨，她一直坚持手洗家里的床单，即使用了洗衣机，也要拿出来再用手洗一遍。亲手洗过一次双人床的床单，就知道要用多少时间和力气了。

如今已经很难找到认为床单要手洗才干净的女人，如果某台洗衣机真的洗不干净床单，那我们有两个选择：要么换一台更好的洗衣机，要么换床单。这是因为人们接受科技的意识整体提高了。

在不同的时代里，问题背后的本质总在重复出现。洗衣机被接受了，现在又有人说：洗碗机洗不干净碗；扫地机、擦地机怎么能够弄干净地呢，地一定要用手擦才干净……

我不是科学家，并不能检测出人手是不是真的会比机器干活效果更好，但我却能够计算出，我做和机器做，中间差的是我的时间成本。

我承认，在坝实中，会有个别"重度妈宝男"，自己不动手，还会对伴侣有超高的要求："你一定要手洗床单或者跪着擦地，因为我妈就是这样做的。"但大多数男性对于卫生标准的苛刻程度并没有女性高。讲卫生、爱清洁是维持健康的必要准则，但万事都应该有个限度。衣服、床单究竟该手洗还是机洗，有区别吗？只要不耽误穿、用就好。

卫生只不过是一个例子，在生活中的很多方面，女人被教育和自己培养的标准，真的比男人高。

譬如，我见过有妈妈用鹌鹑蛋代替鸡蛋，要把每一只蛋的蛋黄和蛋清都分开给孩子做巧克力蛋糕，因为鹌鹑蛋的营养价值更高；

我有个朋友每周都要带着孩子从北京西四环去东五环上课，因为那家机构的师资更好……类似的例子还有很多，但这就会造成一种可怕的状态：做了妈妈的女人已经不再是为了自己活着，而是要活"双人份"——自己和孩子。时间本来就不够用，再加上这些无法说服自己的执念，自己就会越来越忙，日程表满到爆炸，每天每时每刻都要被撕成几段来用，焦虑到苦不堪言。

　　就算机洗床单真的没有手洗得干净，都是自家的床单，结果能差多少呢？就算鹌鹑蛋比鸡蛋的营养价值高，吃到嘴里被消化和吸收后，营养又能增加多少？更不用说教育机构的师资了，来回两三个小时乘坐地铁所带来的疲惫感，真的能抵消老师的那一点儿好吗？

　　我并不是说人生的一切都应该粗犷不羁、放任自流。在这个世界里，无论是纯黑的还是纯白的，其实都只是很少的一部分。只有学会根据自己的要求把握尺度的人才是真正的赢家。如飞鸟一样，真正能飞起来的自由，就是自己学会选择的时候。

全职带娃，值不值得？

在我怀孕34周、开始准备休产假的时候，我和我先生都不知道他接下来可以到中国工作。挺着大肚子的我，一想到自己很快就会有四个月的产假，立刻满心欢喜。我雄心勃勃地列了一张清单，要在产假中读多少本书、写多少文章，并且整理好我们去年和前年的照片……

是不是有点儿眼熟？不仅仅是我，很多女人都做过这样的产假计划清单，我还看过更夸张的：计划趁着产假考会计或者心理学的证书，过英语或者法语的四级考试……

结果呢，几个月甚至几年的产假结束之后，我们颓然发现，除了换了很多块尿布，当初列出来的清单一项都没有做。不仅如此，我们还经常感觉异常疲惫，完全无法集中精力去做任何事情，连追一部剧都要被打断很多次，情节看得稀里糊涂。强烈的挫败感油然而生，成为很多妈妈抑郁的开端。

当然，有些人一定听说过，某个或者某些特别励志的女人在产假中写完了硕士论文。我相信这种人一定是存在的，事实上，我在现实生活中只认识一个人，在产假期间考了注册会计师证书。但这是有原因的。首先，她在带娃前，已经考了四个科目；其次，她在孩子 3~5 岁时，考了余下的两科，并重考了已经过期作废的第一科，而不是在孩子的幼龄期考取的。

我记得刚生完孩子的那几个月，我越是什么都做不了，就越想要做点儿什么，结果我变得更加内疚、惶恐。随着时间的推移，孩子很快两岁了，可是我的情况完全没有改善，一天下来还是做不了什么，精力完全被撕扯到各处，无法集中。随着孩子一点点地长大，那种惶恐逐渐变成了一种让我有自卑感的攻击性评价："我就是一个松散邋遢、没有价值的中年女人。"

我还记得做全职妈妈两年后，我女儿开始上半天托管班，我终于每天有两个半小时的独处时间，可我已经完全无法专注地做一件事了。我会在家里到处乱转，东看西看，结果两个小时过去了，再喝口水，就该去接孩子了。这造成了我另一层次的焦虑：原来有了时间，我还是做不了什么，我真的没有价值。

实际上，十年之后的今天，让我再回头去看那段时间，我会觉得当初我给自己的压力太大了。

在成为妈妈之前，每个女人都是个成年人，可以自由支配自己的思想和时间。孩子刚出生，妈妈们还是在以成年人的正常要求来规范自己，可她们渐渐发现，就连吃饭、睡觉、洗澡、穿衣……这些从来就不是问题的小事也无法完成，日日夜夜不停地被打扰，而且要把自己调整成时刻待机的状态。一天过去，我们看起来处理了无数件鸡毛蒜皮的事情，可值得拿出来说的一件都没有，更不要说积累自我价值了。

这样久而久之，妈妈们就会产生一种自己无法控制人生的焦虑感，也很容易产生抑郁情绪。

当然，带娃本身是一件非常有价值的事情，只不过这种价值要等到孩子慢慢长大之后才能够显现。这种价值在当下看来意义不大，因为任何未来的价值都无法缓解当下日复一日的焦虑。

不仅如此，我曾经和几个在大公司工作的朋友讨论一个问题：全职或者延缓几年工作，到底会不会影响女性的职场发展？

答案根据每个人的处境分成两种。身在职场，尤其是大公司的女性朋友统统告诉我，每家公司都有自己晋升的标准和年限，一旦停顿了，就永远无法弥补这几年流失的时光。然而，因为我的女性创业者的身份和经历，在我身边聚集了相当一部分女性创业者，她们的回复是，没有影响，恰恰相反，成为母亲，因全职或者兼职带娃而停顿的这几年，是可以让自己整个人生转型的契机。

关于这个问题，我在本书其他章节中有更加详细的论述，在这里，我想说的是，真正改变女性人生、让女性从此一蹶不振的，并不是全职停顿的那几年时光，而是在这几年中，被压抑的个人意识和抗争力。

我很想告诉每一位看到这段文字的妈妈：纵观一生，无论是几个月的产假还是几年的产假，都是一个转瞬即逝的阶段。

我一直认为，生了孩子之后，母亲是只休产假还是舍弃自己的职业生涯、停下或者延缓工作去陪伴孩子，对于母亲本身的人生意义比对孩子大得多。这是一种人生选择，只有取舍，没有对错。

可无论是几个月还是几年，你都不需要把产假排上工作或者学习目标，妄图填得太满，因为希望越大，失望也就越大。产假不是度假，这段非常时期并不是留给我们自己的。

孩子比我们想象中长得更快，他们每天都在长大，妈妈们能留给自己的时间也就越来越多。孩子们上学之后，我们可以重新调整心态，集中精力，一点点做自己的事情——真的来得及，最慢的路往往也是最快的。

产假并不是一段假期，更不是让你研修进步、凤凰涅槃的时期，而应该专项专用。孩子百分之百需要母亲的这段时间真的很短，享受这段时光吧，毕竟产假之后，我们还有几十年可以慢慢成长。女人内心强大的第一条就是，在任何时候都能够根据自身状况和条件，以及想要达成的目的，分清秩序。

称不称职，
并不取决于你花了多少时间陪孩子

吃了晚饭，我们一家四口人在客厅里玩。7岁的小女儿站在沙发上就跟我差不多高了，我顺势把她抱了起来，转了一个圈。小女儿开心地叫道："快看，妈妈还能抱动我呢，哈哈哈哈！"这一下子引起了马上就满10岁的大女儿的围观，我看得出她的羡慕，就去努力了一把，但真的抱不动，没有办法。

大女儿已经1.45米高了，别说抱着转圈了，有时她耍赖坐在地上，我连拖都拖不动。她仿佛昨天还是小小的一团，不肯吃奶粉，不会用勺子，不会爬，更不会走，干什么都要我抱着、拎着、背着。那几年我好像是独臂大侠杨过，一只手做饭，一只手做蛋糕，一只手化妆，一只手解开裤子上厕所……

孩子真的是一种很神奇的生物。你日日夜夜地守着她们，她们明明没什么变化，永远都是东倒西歪长不大的样子。可有一天，你突然翻出一张几年前的照片，自己都不敢相信，她们曾经居然那么小。

有很多次，妈妈跟我说："多想回到你小时候，那时你还是个宝宝，那么小，我还是那么年轻。"我终于明白了，这是一种怎样的怀念啊！只可惜孩子们长大了就是长大了，谁都不能回到从前。

现在，我的两个女儿一个 10 岁、一个 7 岁，出门走得比我快，帮我拎东西，在车上比我会看 GPS（全球定位系统），尤其是去英语国家时，她们常常给我当翻译。看着她们现在一副小大人的样子，我常常感叹，幸好我在孩子小的时候陪了她们几年。

年轻时候的我并不是特别有事业心的女人，但也没有把全职主妇写进人生规划。

老大刚出生时，我先生正好从法国被派到中国来工作。孩子小，先生忙，我们住在郊区，交通不便，就像我在本书中写的那样，在我们两相权衡之后，一回国我就变成了全职妈妈，在家带孩子。

其间生了老二，这一带就是 6 年。对于一个孩子来说，0~3 岁是变化最大的时期，而这些变化常常是转瞬而过的。

我还记得大女儿思迪一岁多的时候自己发明了几个词，把吃叫作"马牛"，把酸奶叫作"雅油"，奶声奶气，非常可爱。这个过程也就持续了几个星期，她很快就学会了正确的说法，准确无比。可就是因为有我在身边见证，她的这件小事就被记录了下来，成了她这一辈子的经典小故事，每次说起来，我们都会哈哈大笑一番。

我写文章，起初纯属娱乐，并不占据很多时间。可越写越多后，竟渐渐写成了一个职业，繁忙的我能陪女儿们的时间越来越少了。现在孩子们有了什么新变化，我基本上看不到。我从亲历的见证者变成了被转述的倾听者，听我的先生和保姆给我津津有味地讲孩子们的新情况。

　　我也焦虑、紧张过，这会不会影响我和孩子们的亲密感呢？没有妈妈的陪伴，孩子们的成长会受影响吗？

　　根据我个人的经验，实事求是地说，没有影响。

　　最近几年，虽然我没有亲手负责孩子们的吃喝拉撒，不知道她们今天学了法语还是古诗，明天有没有体育课，要不要带运动裤和鞋子，但是我和孩子们的联结并没有断开。

　　只要时间允许，我就会带着孩子们出去参加活动，让她们知道妈妈到底在做什么，除了会做饭、洗衣服，妈妈还有什么价值；我利用我自由职业者的便利，给她们创造了假期，她们在酒店游泳池里快乐戏水的时候，我却抱着电脑在旁边打字，但我总在那里，让孩子们触手可及。即使在日常生活中，孩子们也十分明白，虽然照顾她们的是保姆，但决定权还是在妈妈或者爸爸这里。

　　所以，虽然这几年我和孩子们在一起的时间少了很多，但这并没有影响孩子们成长，相反，我让孩子们看到了我在努力成长和我在社会中的价值，她们对我更加肯定了。

　　每当我看到她们满脸放光地向朋友介绍说"这是我的妈妈，她专门写文章，可厉害了"时，虽然我一直是个有自卑倾向的人，但那一刻，我仍心潮澎湃、备受鼓舞，希望自己变得更好，支撑得起孩子们的骄傲。

　　生了孩子之后，到底要不要做全职妈妈？到底花几年时间在家里带孩子好？这一直是让很多女人纠结不已的问题。虽然每家的情况各不相同，有的人是主动选择，有的人是出于无奈，但是全天下的母亲都有一层共同的顾虑：孩子在没有父母时刻陪伴的环境下成长，会不会产生不良的后果？自己选择工作，是不是一个称职的母亲？

当前，新型经济社会已经改变了父母和子女的关系。父母需要为子女的成长付出更多。"亲子陪伴"这个概念越来越为人们所重视，分量之重，正在成为父母，尤其是母亲的一种精神束缚。

一个不称职的父亲只要有事业，对孩子有物质支持，那么他就是可以被宽恕的。而一个不称职的母亲则永远无法获得孩子、他人，甚至自己的谅解，可能终身心怀愧疚。

孩子在成长过程中的确需要大人的陪伴，可根据我的个人经历，我觉得亲子陪伴的第一要素其实是质量而不是时间。

孩子在妈妈肚子里9个多月，这注定了妈妈是无可替代的。出生之前，孩子就已经记住了妈妈的味道、声音和感觉。妈妈和孩子建立一种亲密关系，是占足了所有先决条件的，就算妈妈没有24小时守在孩子身边，也是有和孩子建立无缝亲密感的可能性的。

陪伴孩子成长并不是要看妈妈到底跟孩子度过了多少分钟、给孩子煮了多少顿饭、洗过多少只碗。对妈妈来说最重要的是，在带娃的领域里，确保自己的领导权。其他人，如月嫂、保姆、奶奶或者外婆都只是来帮忙的，这是一条不可碰触的底线。

我见过太多妈妈生完孩子后，月嫂在的时候，孩子由月嫂带，从洗澡到换尿布，还带着睡；月嫂走了，老人接手……妈妈只出现在喂奶这种别人实在无法代替的时刻。这样的妈妈即使在家不上班，也算不上真正地参与了亲子陪伴。

更有很多妈妈花了大量时间去送孩子上兴趣班，或看着孩子写作业，可是她们永远都处在一种注意力不集中、刷着手机等待的状态。虽然跟班式的妈妈为此消耗了大量时间，但这真的不能算亲子陪伴。

有效的亲子陪伴，就是跟孩子在一起的那一段时间里，专心和孩子在一起玩，一起讲话，让孩子能够感受到妈妈的注意力正如阳光一样洒在他的身上。在这样的环境里，孩子就会如绿芽儿一样朝着阳光打开，心满意足。

当一个孩子处于健康的生长环境和氛围中时，亲子关系就会进入一种良性的循环。孩子们需要陪伴的时间，并不用那么长。

全职妈妈的时间管理心法

我写过一篇文章，题目叫作《为娘熬的不是夜，是活下去的空气》，收到了几百条回复。留言的人都是像我一样的"老母亲"，明知道熬夜会长皱纹和白头发，会损害健康，但就是舍不得睡，摸摸这儿，看看那儿，哪怕什么都不干，就发会儿呆，也是好的。因为这是一天中唯一属于自己的一点点自由。

在很长一段时间里，我非常沉迷于学习时间管理，看过很多关于时间管理的书，希望能够更好地掌握自己的人生，摆脱困境。

我跟着时间管理法做过表格、下载过 App，把自己每天要做的事情详细地记录下来，并分成 4 种：急且重要、急却不重要、不急但重要、不急且不重要，然后分类处理。

我甚至"少女心爆棚"地去买了精美的手账、48 色韩国超细水彩笔和各种可爱的贴纸，发挥我学了十年的绘画功力，画了两天手账。然后我发现，原来我完全是在做"不急且不重要"的事情，为了管理时间而管理，那些应该做的、要完成的事，更是拖延得一塌糊涂。

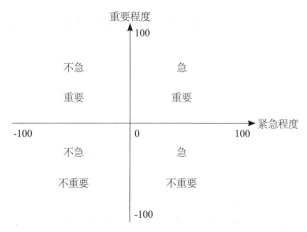

图 6-1　时间管理坐标轴分布

　　用一种肉眼可见的比喻来说，一个人的时间管理就像是练马甲线。从理论上来说，只要坚持，每个人都可以有马甲线，但是没有运动习惯的人总是开始没多久就放弃了。就算有个别意志特别坚定的人咬牙练出了马甲线，可一旦达成目标，他就很容易放弃并反弹，变回最初那个胖子。

　　现在，我把我总结出来的时间管理方法分享给你们。它并不能帮助那些已经非常自律的人更加自律，却可以让那些和我当初有一样处境的妈妈摆脱"没有时间"的魔咒，即便她们已在焦头烂额中蹉跎了几年、完全没能力控制时间。我相信，既然我可以，你们也一定可以。

1. 找到适合自己的时间，而不是自己做事需要用的时间

在当妈妈之前，我的拖延症就很严重了。每次写文章，我都要拖到截止时间，不然就写不出来。

我其实并不喜欢拖延，因为心里总是牵挂着没完成的事情。在一段时间里，我试图做出调整，定下目标，一切往前赶。一篇文章，提前两天就开始写，可事实是，一会儿接电话，一会儿看新闻，一直没有灵感，仍是磨蹭到最后一天才能一气呵成、全神贯注地写出来。可是，这等于我将提前准备进度往前赶的两天都浪费了。

后来，我改变了对付自己的策略。

头两天，我索性连文档也不打开，一门心思处理别的事情，把整个进程朝前赶。第三天，我知道已经没有退路，只能集中精力把文章写出来。这样虽然总体交稿率没有提高，但是对于我整个工作日程来说，效率还是大大地提高了。

除了习惯，还有生物钟。每个人的生物钟都是不同的。我不是一个早起的人，让我早起的结果一定是整个上午直接"报废"。在一天中，我一般是11:00—13:00、16:00—19:00特别容易集中精力。发现了这个规律之后，我就慢慢地调整自己的工作频率，把比较"难搞"、需要集中精力的事情，放在这些时段里完成。

我们可以通过记录和在不同的时段里测试来发现自己的规律，然后结合自己的规律和习惯安排工作，就会大大地提高效率、节省时间。

2. 养成在脑海中预演和复盘的习惯

这个方法，应该算是我做全职妈妈时养成的最有价值的习惯之一了。

正常情况下，做一件事情大约需要 10 分钟，可是如果出点儿意外，10 分钟就可能变成 1 小时或整个下午。把意外控制在最小范围内，就可以节省非常多的时间。

做全职妈妈，每天的日常就是追在孩子屁股后面处理意外，所以我养成了把要做的事情在脑海中预演一遍，以及事后在脑子里复盘一下的习惯。

这个过程很快，一两分钟就能完成，把时间、地点、人物、顺序、主题……即所有将会发生的事情在脑子里快速过一遍，以便发现问题。这些问题能解决的就解决，不能解决的就在心里归类。有了准备后，到实际操作时，出现意外的可能性就大大地降低了，很多时间也因此节省下来了。

复盘也是一样的。花几分钟回想一下，顺利的点在哪里，出问题的点又在哪里，分别归类在自己的经验里。

等我重回职场之后发现，在成年人的世界里，出现无法预计的意外的概率，要比和孩子们在一起低很多。这个习惯不仅可以帮助我节省很多时间，而且能够帮助我保持胸有成竹的良好状态。

3. 能够用钱处理的事情，就不要用时间

我是个迷恋现代化科技的人。我家有扫地机、擦地机、洗碗机、全自动洗衣机、烘干机、电动擦玻璃机……所有以节省时间为目的的机器，我都会积极地买回来。

我们最初到上海时，没有洗碗机。我计算过，清洗一家四口用过的锅碗瓢盆，每天需要花 30~90 分钟。即使按照一天 30 分钟来算，一年中，我们也要花 7 整天在洗碗上，而我宁可用这 7 天去做点儿别的事情，哪怕"葛优躺"一般在沙发上发呆，也是一种消遣。

同理可以延伸到别的事情上：订一次菜，可以至少节省 3 个小时；请个家政保洁员，他 / 她工作的每一分钟都是在节省我或我先生的时间……

这是一个平衡的问题，我们购置物品不应该超出自己的经济承受范围，更不能浪费，但是在我看来，买一台洗碗机真的比买个包划算。

4. 善用碎片化时间

关于时间，每个人最大的苦恼就是好好的时间被剪成了碎片。比如，一个小时，我们可以完成某项工作，可是 4 个 15 分钟，中间往往穿插了一些别的事情，结果就是时间被浪费了。

虽然把时间剪成碎片是一件非常不舒服的事情，但是我发现，女人的发散性思维使她们比男人更擅长管理碎片化时间。

譬如，陪孩子们写作业时，我会一边监督一边敷面膜；在等孩子们跳舞的时间里，我会跟同事开线上碰头会；做饭时，我会听一段线上课程的分享……我有个原则，一手是碎片时间，一手是要做的事情，只要我有点儿时间，我就会检索一下，这段时间可以匹配什么事情，而不是呆呆地等着一整块时间的到来。另外，尽量同时做两件以上的事情，也许这会多花一点儿总时间，但是要比分开做两件事快很多。

没有一个人能够长时间集中精力。番茄工作法指出，25分钟是一个成年人能够集中精力的时间峰值。在现实生活中，25分钟却常常被认为是一小块做不了什么的时间碎片。

只要静下心来，我们就会发现原来在认为被废掉的那段时间里，我们居然能做出那么多有效率的事。

5. 锻炼自己更快地做出决定

有一次，我和一个男性朋友去喝咖啡，柜台里有草莓蛋糕和巧克力蛋糕，我犹豫了至少两分钟，不知道该选哪种。

那个朋友纵容我把两种蛋糕都买了下来，可正在减肥的我吃不下全部，只能把其中一块打包，拎着走过半个上海。

还有一次，我花了很多时间去比价两台电器，就是因为当时做不出决定，只能放弃。过一阵子，我发现还是需要买，于是重新开始比价，重复耽误了很多时间。

无论是在生活中还是在职场上，和男性相比，女性的决断力普遍较弱，至少看起来如此。特蕾泽·休斯顿写的《理性的抉择》这本书里说，在很多时候，女性不是不知道如何做决定，而是不知道如何表达自己的决定，因为她们不愿意面对由于自己的决定而将要失去的那部分。

的确，既然是决定，必然要有所取舍。不愿意面对，是因为自信心不够，不确定失去之后是否能重新拥有。这是一个需要长期积累和锻炼的过程。女性应该提升自己的能力和自信度，不再害怕失去。不如把每个决定都看作一个对自己心理的挑战，迅速地做出决定，然后告诉自己，可以接受失去。

6. 懂得拒绝别人，包括拒绝自己

每个人都认识一些不懂珍惜、只懂开口索取的人，他们会张口就说："你能帮我一下吗？"

中国人非常爱面子，因为磨不开脸面，我们做了很多违心的事情，耗费了很多原本属于自己的时间。我们一定要懂得拒绝别人，无论是别人找你借钱，还是别人希望你花时间帮他。

事实上，拒绝自己比拒绝别人更难，因为人永远都不知道自己的底线在哪里。

工作之前想看两分钟娱乐新闻，一下子就看了两个小时；本来已经忙到疯狂，来了另一项工作，立马就应承下来……对于很多事情，我们都没办法拒绝，但更多时候是我们不愿意拒绝，因为我们无法平衡自己的欲望和能量。

所有的事情都是物极必反的，无法控制自己，结果只能半途而废。

7. 利用睡眠时间去深思

人生有限，我们能够把人生扩容的前提就是合理且有效地利用我们的时间。

我的工作不仅是写文章，还要打理公司事务，需要做很多沟通工作。我每天从早上开始工作，一直到晚上，往往到了夜深人静的时候，思维已经僵化了，写文章完全没有灵感。

最初，当我写不完时，我就会很焦虑，不愿去睡，绞尽脑汁地写，再整行整行地删，很多次我甚至就睡在电脑前。渐渐地，我发现，当我头天晚上思考了某个未结的问题、带着问题去睡觉的时候，第二天大脑里常常会冒出一些全新的想法或思路，就好像有灵感闪现。最初，我以为这是巧合，但随着我的工作增多，我有越来越多个晚上解决不了的工作后，我确定潜意识会工作，这不是偶然事件。

我一直以为这是我自己发明的"土办法"，跟谁都没有说过，怕别人笑话我。直到我看了著名的《如何掌控自己的时间和生活》这本书之后，我十分惊讶地发现，书里居然有一章也写到了睡眠中的潜意识对于自己思考的帮助。原来这不是"土办法"，而是真有科学依据！

可能每个人有不同的方法有效管理自己的时间，但是有个原则，就是不要过度违背自己的天性。

譬如说，我不是一个特别自律的人，也不太想成为一个过于自律的人，即使有刀抵在后背上，违背我的天性的事，我也一定坚持不下去。所有的时间管理都是细水长流，以能够遵守为准则，因为世界上最浪费时间的事情，就是半途而废、前功尽弃。

第 七 章

法国女人，到底美在哪里？

为什么法国女人不怕老？

有一次我去参加一场会议，入夜跑去一个朋友的房间里聊天，她是一个跟我年龄相仿的中年女人。在不用居家辅导功课的晚上，出差就是我们中年女人的假期。

她没把我当外人，穿着睡衣一面跟我聊天，一面开启她的入睡仪式。

在我们聊天的一个多小时里，她先从化妆包里拿出一堆小瓶子——有的是喝的，有的是抹的，有的抹了又洗掉——一遍一遍地捣饬，一直到最后敷上了面膜。

在她摘了面膜之后，我仔细看了看她的脸——皮肤状态真的比我的好太多了，完全没有皱纹，更没有困扰我的黄褐斑。

我说："真的很有效，但这样太麻烦了，要做这么多遍。"

她说："当然了，就算是 12 点回家，我也要做全套。女人，还有什么比脸更重要？"

这句话，不能说它不对，也不能说它全对，终究让我有种被撕裂的纠结。

生活在资源丰富诸如北京、上海、东京、首尔等亚洲大城市的女人真美丽，让人猜不出年纪。Q弹的皮肤、纤细婀娜的身材、时尚的服装、细高跟鞋、匠心独具的包和配饰……让人目不转睛。

活在这个看脸的时代里，颜值早就不在于是否天生丽质，而是已经成了一场我们要毕生倾尽全力的战斗。你付出的努力都会映在脸上，你偷过的懒也会映在脸上。

和满脸皱纹的欧洲女人相比，在亚洲，"冻龄女神"才是女人们膜拜的对象。女孩子从八九岁起就被告知25岁是女人的巅峰，因为25岁之后，胶原蛋白和激素都开始减少，颜值下滑势必导致"人生降级"。这里说的"人生降级"并不是物质降级，相反，生完孩子的女人因为工作年限的累积、夫妻双方的奋斗、家族馈赠等，经济条件往往好于未婚阶段，手里可支配的财富更多了，平日的吃穿用度都可以比未婚的时候更讲究。

然而，我们却在心中悄悄地泄了气，觉得自己开始丧失作为女人的吸引力，从心理层面就给自己的人生"降了级"。所以，衰老和代表衰老的皱纹，是每个女人到了一定年纪就会有的噩梦。

25岁之前的女人也许在生理上达到了巅峰，但缺少了穿衣打扮、言谈举止、气质品位，总是差点儿意思。经过全亚洲女人坚持不懈的努力，今天亚洲女人颜值的巅峰出现在28~33岁，具体还要看女人生孩子的年龄。一旦进入孕产期，女人的身体就会发生巨大的变化，更容易疲惫，看起来邋遢而憔悴。其实这些生理上的反应都是可以慢慢改善的，可是绝大多数人的美貌还是会严重受损，没有回弹的可能。

在我看来，抛开生理损耗，这个问题更深刻的原因来自社会和女性对自身的心理暗示。

图 7-1　女人的心理暗示模式

　　尤其是随着年龄的增长，人到中年，会出现一系列衰老的体征，如皮肤松弛、发胖、长皱纹、常感疲惫等。这些虽然都是可以用运动来改善的，可是对于大多数女人来说，这些衰老的征兆却更迎合自己的心理暗示："我就是一个已经完成使命、没有人会再留意的中老年妇女。"

　　这是一种主动的自我暗示，也是一种被动的"社会暗示"，两股力在某个利益点凑在一起，就变成了一股霸道的力量，让女人无法逃离。

　　因为直到现在，在我们的社会中，除了面对那些 30 岁之内的育龄女人，人们总是把女性吸引力和"放荡不羁"联系起来，会习惯性地认为，一个令人尊重的女人应该是没有性吸引力和性需求的。人们普遍的认知是，人到中年的女性已经完成生育任务，孩子已经大了，如果她的行为举止依然充满女性吸引力，就是行为不检，令人不齿。

　　可是从生理上来说，人体中有关性别的激素（类似雌激素）是支持我们不继续衰老的根本。一旦我们默认自己不再需要展示自身吸引力，无论是男人还是女人，在强大的心理暗示下，都很容易衰老。

　　而法国女人的人生轨迹和亚洲女人的恰恰相反，25 岁就已经长出皱纹，30 岁看起来跟 40 岁没有什么区别，结果等她们到 40 岁，就会发现原来 40 岁和 30 岁也没有什么区别。那些勤于运动、生活主动、心态积极的女人，到 50 多岁看起来也很有活力，明眸顾盼，别有滋味。

　　对于女人"老"和"老"女人，法国乃至欧洲社会有着更大的宽容度。在婚恋市场上，女人的年龄并不是一个限制。

　　几年前，法国史上最年轻的总统马克龙上任（时年 40 岁），他有着让世人瞠目结舌的婚姻。他的太太布丽吉特时年 64 岁，是他高中的法文老师。布丽吉特被推到世人面前的时候，完全没有发福的身材。她穿着及膝或者露膝盖的一步裙和细高跟鞋，笑起来脸上有很多皱纹。

　　在这里，我既不想评论马克龙的政绩，也不想评论他的爱情，我只想说，64 岁能保持布丽吉特这种状态的法国女人还是比较多的。

　　原来，法国女人和中国甚至亚洲女人的差距，并不在所谓的颜值巅峰的美丽指数，而是这漫漫一生的颜值平均值。没有颜值巅峰的法国女人，其实是把自己的颜值巅峰平均到了其他年龄段中。对于绝大多数法国女人来说，25~40 岁基本都能算到自己颜值巅峰第一阶梯里，从 40 岁一直到 50 多岁，还能算进"徐娘半老"的第二阶梯。

　　很多时候，老，真的是一种心态，不是状态。而内心的状态，可以改变外表的形态。

　　已故法国女首富、欧莱雅公司继承人利莉亚娜·贝当古曾经住在巴黎旁边富人小城一栋没有电梯的六层楼的顶层。

　　每个前来拜访她的人都会因为爬上顶楼而心跳加速，上气不接下气。有一次，她的财务顾问跟她说："为什么不安一部电梯呢？或者您考虑换个房子？"

　　对于拥有欧莱雅的利莉亚娜来说，钱根本不是问题，但是当时已经年逾八十的她回道："先生，到我这个年纪之后，这大概是唯一一个让前来看我的男士们心跳加速的办法吧？所以我坚持住这里。"

　　好有智慧又诙谐的答案！逗人笑完之后，却发人深省。

　　谁能想象，一个八十多岁的老太太会跟一个比自己小几十岁的中年男人说这种话呢？无论她有没有金钱、地位，恐怕大多数亚洲人都会把她当作"老不正经"吧。作为一种生物，女人衰老的生理化特征就是绝经。失去生育能力，彻底放弃了自己的性可能，还包括不再想要买新衣服、穿性感的高跟鞋、化妆，也不再有精力去谈笑风生，于是整个人就会迅速老去。

　　可是在法国生活这么多年，我见到太多45岁乃至60多岁的法国女人丝毫不觉得自己已经老了，她们会按照自己的喜好去打扮，眉飞色舞、神采奕奕地和男士约会。即使到了奶奶的级别，她们也会时刻注意自己作为女人的特质。她们在保护的不仅仅是一种女性具有的美丽，更是自己作为人的特质。

　　今天，很多人都颂扬法国女人的美丽、优雅，或者她们的独立。对我来说，法国女人美丽的特质中中坚且不可分割的那一部分，是十分清晰的女性自我意识："无论有没有绝经，哪怕到80岁，我也是一个有吸引力的女人，我尊重我自己。"

法国女人，
其实没你想象的那么完美

我要回法国度假，终于可以享受飞机上没有手机的 12 小时"真空"时光。关机前，助理秋小天拼命打进电话，跟我说："卢璐姐，你去了巴黎，能发点儿街拍吗？我们都想看原汁原味的法国女人到底是什么样的，是不是真的那么美啊？"

我说："啊？这个……"这时候，空姐走过来，示意我关机。我关了机，坐在位子上叹了口气，心想，这不就是当年的我吗？

全世界公认的第一位时装设计师，应该是 19 世纪末期的英国人查尔斯·沃斯，他把他的第一家时装店开在了巴黎。从那之后，"mode"（时尚）这个词，就和巴黎紧紧地连在一起，成了巴黎的血液和灵魂。

沉浸在时尚中的"法国女人"，已经不再是一个名词，而变成了一种让全世界臣服的招牌，成就了一种无法抑制的幻想，让男人倾慕，令女人羡慕，是美丽和魅力的代言人，譬如苏菲·玛索、朱丽叶·比诺什、玛丽昂·歌迪亚、凯瑟琳·德纳芙……每一个都是女神，却美得千姿百态。

我还记得我初到法国的时候，扔下背包就兴冲冲地跑到街上，转了很多圈，却扫兴地回来，因为在现实中，按照普世的标准看，走在街上的法国女人真的不算漂亮。

和亚洲女人相比，法国女人更高，肢体也更粗大；不知道是因为肤质还是疏于保养，很多法国女人 25 岁之后脸上就开始有皱纹，流露了些许沧桑。虽然她们的眼睛很大，可是鼻子也往往过大。更悲剧的是，很多人的嘴唇薄到只有一条缝，任何唇膏涂上去，都有一种要溢出来的紧张感。

不仅仅是脸，法国女人的衣品也甚是低调。时尚在那里一共才两个颜色，黑色和灰色，连白色都是点缀色。从秋到冬的漫长岁月里，放眼过去，基本看不到其他色彩，我心中未免有落寞之感。

如果说起美，法国街头最美的就是那些穿着香奈儿风格粗花呢子套装的老太太了，天再冷，她们也只穿着及膝的一步裙，拉着帆布小车子，戴着大墨镜，颤颤巍巍地出门买菜，真的是一道风景。可是，此等美丽可能并非我们想要寻找和模仿的美丽。

我在法国待了一阵子之后，对法国女人的总体颜值极度失望，甚至想出了一个理由来解释自己的失望："是我这个穷学生的层次和眼界都不够，去不了更高级的场所，所以看不到电影里的那种美丽的法国女人吗？"

我在法国安顿下来后，就开始用自己的眼睛去打量这个国家。我惊异地发现，法国文化中对法国女人的第一评价居然是 "difficile Chiane"（复杂、难搞）。

法国某交友网站做过一项调查，结果显示，有 72% 的法国男人认为法国女人挑剔、很难相处。

面对这种来自本国男同胞压倒性的质疑，法国女人的态度是：

不在乎。她们会耸耸肩，手心向天，甚至带点儿傲娇地说："这就是我啊，难搞就是我的特质嘛。"

因为生活在法国，我认识了很多法国女人。我跟她们一起吃饭、逛街、旅行、运动，也跟她们聊天、吵架、讨论、谈心。我和一些人成了朋友，因为我喜欢她们；有人让我讨厌，我们便不再相见；更多的人成为我的过客，仅在生命中的某个点上有过或深或浅的交集。越了解法国女人，我就越认识到，无论是天生的颜值还是对自己颜值做出的努力（护肤、瘦身、医美等），现实中的法国女人都与我们幻想中艳名远扬的"法国女人"相差甚远。

真实的法国女人并没有那种让人过目不忘的美丽，却往往有一种独特到令人终生难忘的气质，这更多的来自她们坚定的态度和独立的意识。无论别人怎么看，哪怕她自己知道那是个缺点，但只要自己喜欢，她就会固执己见，于是这就变成了她可爱的一点。

在法国形容成年的女人，"温顺"、"柔弱"、"天真"，或者"我想保护你"、"让我宠你一辈子"这类把女性趋向无能且无力的语句都被归于贬义，所以千万不要用这些话赞誉别人，小心被打。

实事求是地说，在法语中，"宠"这个词，第一，是贬义的；第二，特指孩子，是无法用于形容成年人的。

最初，我跟大家说法国女人并没有我们想的那么美丽，大多数人不相信，可随着越来越多的国人到巴黎，不止一个人向我证实，法国女人的容颜并非特别美丽。接下来的终极问题是：既然如此，为什么全世界都觉得她们美丽呢？为什么她们身上总有一种让人无法抵挡的迷人气质呢？

不完美，
没什么好羞愧

某年 5 月，我带着公司的姑娘们去泰国团建了一周。我们公司是家"血统"特别纯正的自媒体公司，员工散落在全国各地。好不容易能聚在一起，是特别开心的事。

泰国位于热带，所有姑娘的箱子里面满满的都是漂亮的裙子。是的，有哪个女人不想让自己更美一点儿呢？

最后一天，在芭堤雅海边美美的一家度假酒店，大家用了一整天化妆、做头发，试穿彼此的衣服，叽叽喳喳地梳妆打扮。

在夕阳开始落山之前，我们一起跑出去，在酒店草坪和私人沙滩上拍照片。都是化好妆的美美的姑娘，可是一到镜头前面，大家的态度就变了，一个个都往后面躲，这个说"我脸大"，那个说"我有雀斑"，第三个说"我腿粗"……总之没有一个人愿意往前靠，恨不得每个人都要找个遮挡物，这样就可以留下自己最美的一面。然而事实上，低着头，侧着脸，躲在后面，再加上虚到模糊的美颜效果，让大家看起来很是奇怪，而且十分不自然。

看着争作一团、都在努力往后钻的姑娘，我摇着头说："难道我们不是在做一个有价值观的女性公众号吗？女性价值观的文章，你们都白看了吗？"

她们纷纷摇着头说："道理我们都懂，但到现实中，我们就控制不住了。"我歪头想了一下，倒也可以理解，人无完人，每个人都有缺陷。那么，我们究竟该如何面对自己的缺陷？

比如说，我们这组人中最瘦的是秋小天，她只有八十几斤，无论是腰肢还是胳膊都盈盈一握，十分灵动。可是她把全部的注意力都集中在自己的小个子上，一直要躲开个子高的小凡，坚决不站在她身边。小凡又白又高，大长腿加上波浪鬈发，真的很美，可是她的困扰是身材不够丰满，所以一直想要找人挡在她前面。

我还写过一篇文章。我和一个带着框架眼镜的姑娘吃过一次饭，原因也是类似的。她觉得自己眼睛小，眼皮肉肉的，做整形手术的话需要先吸脂，开双眼皮，再开眼角，手术风险会很大，她不敢做。戴一副框架眼镜会让她觉得有个东西挡着，更有安全感。

而文章写出来、推送了之后，她的先生跑过来留言说："我老婆眼睛不大，但她一笑起来，眼睛弯弯的，像月牙儿一样很可爱。我从来没有觉得我老婆眼睛小是个缺点，恰恰相反，是特点。"

即使是我，大概从记事开始，我就知道自己长得并不漂亮，其中很大的原因，是我长了一张宽宽的方型脸。

小时候，我一直留着童花头，后来变成蘑菇头，再后来变成波波头，大同小异，都是把头发往里扣，可以把脸方的部分藏起来。在少年时代，我不止一次地对着镜子说："要不要做个美容手术，把脸切掉一点儿？"

让我困扰的岂止是方脸，还有我很小、很平的鼻梁，上面还有褶皱，很是奇怪。一直到前一阵子，我请一个认识了我 20 年的老朋友帮我设计一个 logo（商标），于是他让我给他发一张我的侧面照。照片发过去之后，他问："你的鼻子怎么了？鼻骨断过吗？"

我反问他："难道这 20 年，你都没有发现我的鼻子有褶皱吗？"

"没有啊！"他说，"谁没事会'趴'在你脸上看？"

真的，除了美发师、化妆师、医美代表，对于绝大多数没有职业习惯的普通人来说，我们看别人的视角和看自己大不相同。

当我们看别人的时候，我们看到的是整体、客观的感觉：容貌装扮、谈吐举止、精神气质，样样占分。可是我们看自己的时候，看到的大都是缺点。

我们总是根深蒂固地认为，世界被清清楚楚地分成两部分：正确答案和错误答案，这也就意味着有满分和零分。在中国，关于美人的正确答案，基本等同于现在特别流行的、没有辨识度的网红脸：瓜子脸、柳叶眉、杏仁眼，樱桃小嘴一点点。所以，凡是脸长得不符合这个标准的部分，都应该被修正。岂止是在中国，在整个亚洲，美都是一种可以被测量的标准，必须按照一个模子来，否则就很难被认可。

就这一点来说，西方对女性美的包容度更高一些。

看看我们耳熟能详的好莱坞明星。如果茱莉亚·罗伯茨在中国，那么大的嘴怎么能算美人？凯拉·奈特莉也算不上美人，因为"地包天"；莫妮卡·贝鲁奇脸上全是皱纹；詹妮弗·洛佩兹值 3.5 亿美元的屁股实在太胖，已经到了壮实的边缘！

然而事实上，就是这些所谓的不标准的特质，不但没有影响她们的美丽，甚至成了她们最美丽的焦点。

20 世纪 90 年代中期，全球最赚钱的模特叫作辛迪·克劳馥，她的左嘴角有一颗很明显的痣。我看过有关辛迪的采访，她说，她出道的时候很艰难，很多人建议她去除那颗痣，她自己曾经犹豫很久要不要去除。最后，谢天谢地，幸好没有，就是因为有了嘴角的痣，才成就了这张全世界最值钱的脸。

学过画画的人都知道，一个人长得越标准，其肖像画起来越难，因为没有特点。全天下的人都长了一只鼻子、两只眼睛，所以让我们有别于其他人的地方，正是我们有异于标准的那些"缺憾"。

这一章的主题看起来是容貌，其实，容貌仅仅是表象。在行为处事上，不满意自己的容貌，继而自卑，觉得自己需要去做医美，根本就是很多人每天在"攻击"自己的理由。要知道，那些不停"攻击"自己容貌的人是绝对不会轻易停止的，他们会不停地说："我不是个好妈妈""我不是个好女人""我做不到事业和家庭兼顾""我没有赚到足够的钱"……

很多人，尤其是女人，最擅长的事情就是"攻击"自己。

一个人能够在这世上活下去就是一个奇迹，我们每天都有太多的理由直接被淘汰。从小开始，母亲、父亲，甚或所有的成年人出于保护的目的，从孩子出生开始，就需要不停地教育孩子，告诉他们什么可以做、什么不可以做。然而保护的另一面一定是约束，约束孩子们的天性，种下怀疑的种子。

回想一下，孩子听到最多的是不是"不"？"你不可以吃糖，不可以玩游戏，不可以爬那么高，不可以不去学校……"其实，很多孩子从小到大都是长期生活在被否定中的，所以他们心里都会产生一种叫作"羞耻感"的东西，总结起来就是，"我是不好的、不对的，我应该感到羞愧"。

在成长的过程中，外界事物对孩子们的冲击会使他们产生不同程度的羞耻感，这对很多人来说都是在所难免的。

可羞耻感是一个完全负面的东西吗？

并不完全是这样的。正常程度的羞耻感是一种可以帮助我们奋发前进的情绪，是一种有底线的自我约束，能时刻告诉自己在哪个位置应该适可而止。但是如果羞耻感过重，它就一定会让我们整个人都被捆绑在负面情绪里，无法正视自己，以致对自身造成伤害。比如前文提到的姑娘，即使身处轻松的环境中，她还是会下意识地想到让自己觉得羞耻的小眼睛。

可是在生活中，我们总会变老、变丑，也总会遇到挫折、失败，甚至有时候会跌入谷底，遍体鳞伤。面对未能达成的预定目标，我们很容易怀疑自己，进而陷入无休止的自我攻击。其实，最好的应对方式就是接受自己，就像法国女人那样，摊开手说："这就是我啊，我就是这个样子啊，我承担自己现实存在问题的后果。"

其实，人生的烦恼和问题并不能从"ABCD"中找到一个标准答案。除了那些精心设计的考试题目，人生中根本没有标准答案。

我们需要的并不是修正自己的不完美和缺憾，因为在很多时候，那都是很难修正的，即便真的能够修正，又有谁想要去呈现千篇一律的标准答案？

　　每个人的人生都是一段自我修行，可以跋山，也可以涉水，还可以原地打转。无论上天入地，走捷径还是绕远路，我们都不应该让自己的人生只追求一个刻板的标准答案，即使它看起来完美无缺。

　　在人群中，找到那个举世无双、不可替代的自己，有优点、有缺点，有好有坏、有缺有圆。每个人都是一款举世无双的单品，有过那些斑斑驳驳的不完满之处，我们的焦点才更耀眼。

　　这才是真正的美。接受自己的缺憾，我们就拥有了这世界上最昂贵的"高级定制"。

四步修炼"法式美丽"

我写过一篇关于朱丽叶·比诺什的文章。在查资料的时候，我发现一张刘嘉玲和朱丽叶·比诺什的合影，她们都是50多岁的年纪，但从照片上来看，仅比朱丽叶·比诺什小一岁的刘嘉玲的年龄感更弱，基本看不到岁月的痕迹。而朱丽叶·比诺什笑的时候，皱纹很是明显，可不得不承认，她的笑容更有张力。

法国女人是不怕老的，也不怕皱纹，无论是朱丽叶·比诺什还是苏菲·玛索，或者其他"法国女神"，年龄到了，都是皱纹满脸。被誉为"法国最美女人"的伊娜·德拉弗拉桑热在她的书中说："有皱纹？没关系，站得离镜子远一点儿就好了。"

今天，每个中国女人手机中都有不止一款美颜App，如果是合照，那就各人修各人的图，所有人修好再发朋友圈，这是最基本的"社交修养"。我介绍美颜App给我的法国女性朋友看后，她们都兴致勃勃地跟我合照，哈哈笑过，却没看到有哪个人真的去下载，"因为那个没有皱纹的女人不是我"。

几年前，iPhone X（苹果公司的一款手机）在欧洲上市，却遭到了法国人的质疑，因为用其内置相机功能拍出的人像看起来像是经过系统的美颜处理，变得好看很多。然而，我的很多中国女性朋友专门选择国产手机而放弃了 iPhone X，原因就是苹果手机拍的照片太真实，没有美颜效果。

在这个世界上，女性天生更为感性，喜欢美，也追求美，可再努力，颜值也会稍纵即逝，即便是医美也无法彻底挽救。

关于美，生长在女性主义启蒙地的法国女人很早就明白，把自己的价值建立在和时间对抗注定无法回转的美貌上，是一件十分脆弱、注定失败的事情。既然如此，还不如顺应时间的去向，用时间来研磨自己的粗粝，找到人生中其他的价值来定义自己的吸引力。

那么，究竟什么样的价值可以抵御衰老，保鲜自己的美丽呢？

1. 感性

先敲一下黑板，是感性，而不是性感。

性感，是一种基于体态、状态、激素的生理状态，是一种带着肉感和压力的刺激。

感性，则是一种经过长期研习而修炼成的感觉，可以是眼神，可以是谈吐，也可以是讲话的方式，或者是转头的小动作。根据我的总结，感性是在动态中传递的一种让人无法抗拒的吸引力。

性感可以是天生带来的，也是可以外界加工的：嘴唇红润、丰乳肥臀，抑或是皮肤滑腻。但是，感性必须经过后天无间断的模仿、演练，才能潜移默化地成为自己的特质。

感性最珍贵的地方就在于它一定要是动态的、流畅的，体现在举手投足、一笑回眸中。静态仅仅能传递漂亮或者性感，传递不了感性的温度。

这就是说，感性无法靠投机取巧、后期精修图制造，这也体现在某些特别有流量的当红"小花"身上。杂志上美到毫无死角，可在电视屏幕上的表现却常常是扭捏露怯，更不用说在活动现场看本人了。

既然感性需要后天积淀和练习，那么时间越长，修炼级别越高，就会越自然，有一种浑然天生、毫无印迹的顺畅感，这和人生的走向是一样的。而颜值是在和时间抗争，是逆向的，两者截然不同。

鉴于上文说过的，法国女人的"颜值阶梯"比较长，这中间感性起了关键作用。因为她们对美丽的评价并不等同于颜值，那么她们就有了用更长久的时间来打磨自己的机会。经过时间的浸养，她们慢慢地一遍又一遍完善着自己，年纪越大，反而越有风韵和感觉，"优雅地老去"就此有了最精彩的呈现。

2. 精致

在日常生活中，我们总是把"精致"和"优雅"两个词并列提及，因为这两个词都没有具象的状态，很容易被混淆。

事实上，优雅和精致是完全不同的两个概念。

优雅是一种内心的态度，可精致却是一种人为操作的行为状态，里面全是细节，而且是实打实、一丝不苟的细节。

今天，精致好像变成了一个有点儿商业化的用词，说到精致，下一句就是让你掏钱包，消费升级。

事实上，精致绝对不仅仅体现在用物质包装的那些浪漫、美好的事物上。一个精致的人，做什么都会精致；一个不精致的人，即使被专业包装，也只能是"画虎画皮难画骨"，装得再像也不精致。

的确，法国女人是优雅的，可是如何能够通达优雅这个层面呢？精致无疑是一条必经之路。但这种精致绝对不是一时心血来潮，而是对每个细节孜孜不倦地力求完美，并且能够一直坚持下去，使其成为刻骨的习惯。

3. 与众不同

我们公司去泰国团建那次，六个女生一起去逛街，其中一个女生发现了一款很美的蕾丝内衣，结果是全公司的女生都买了同一个牌子的同一款内衣。尽管我一直在旁边说"其实还有其他款也不错"，但没有人在意。

不仅仅是衣服、包、首饰，在日常生活中，国内的很多女性在做选择时会下意识地看看左右，然后跟从大多数人的选择，这也是最容易的选择。

然而，法国女人完全不同，她们对于自身的最高要求并不是成为一个美人（être belle），而是与众不同（être distingue）。

法国女人所期望的与众不同，其实有两层意思。

第一层：让自己看起来和别人不一样，可以赢得大家的注意乃至进一步的关注。

第二层：用自己看起来与别人不一样的地方，让自己和别人保持一点儿距离。

人生而不同，与其追求最完美的脸庞，不如让别人看到自己的不同，后者才是我们每个人最珍贵的东西。

所以，整个亚洲流行的网红脸在法国完全行不通。法国的知名女人，真的是各有各的不同。

根据我的观察，尽量拉开自己和别人的区别、显露自己的独特性是法国女人的特质，就是因为这些不同点，她们才会被看到、被欣赏，也被尊重。

4. 坚持

请问，女人最显老的部位到底在哪里？

手？脖子？下垂的胸？日渐粗壮的腰肢？这些好像都是，但是在我看来，那个冠得起"最"的部分绝不是这些。

是眼睛。当然不是眼周松弛的皱纹，而是眼神——能够透露内心的眼神。

如果你看一看中国女人，尤其是中年女人的眼睛，你就只觉得其人生悲苦、压力甚大。可从 20 世纪 90 年代至今，中国经济一路腾飞，改变了每个人的人生，大家的生活都变得更加富足和充盈。

法国并不是一个容易生活的国家，常年经济不景气，常常有人失业，人们动辄几年甚至更长时间没有工作……可看看法国女人的眼睛，我们就会发现，她可能冷漠，拒人于千里之外；她可能虚伪，带着社交的假笑；她可能霸道，不容别人评论自己的是非对错；她可能蛮横，不许别人干涉自己的人生……除了个别情况，大多数法国女人的眼睛里不会有无穷无尽的悲苦和诉说不尽的哀愁。

山本耀司说过，"自己"这个东西是看不见的，撞上一些别的什么，反弹回来，才会了解"自己"。这句话一眼看过去就知道满满的都是人生经验，有泪，更有血。

可是只有那些挨过打、流过泪、受过伤还能坚持下来的人才会懂，这个世界上有个一成不变的真理：很多时候，只要坚持到底，即使受挫，也会获得实打实的价值。

这是一种强大的力量，极少有人不被其吸引，而被吸引之后由心生出的感觉之一，就是这样的人很美。

很多人追捧法国女人美若天仙的神话，可是却意识不到，世界上根本没有无缘无故的美，每一分美都是经过千锤百炼的。

不是每个女人都能变成亚洲人眼中的"女神"，但每个女人，尤其是每个中年女人，都能美成"法国女人"。这是真理，不是一种鼓励。

第 八 章

主动生活，才能更好地活着

因为"不好意思"，
我们失去了多少机会？

　　我上大学时，系里有个老师介绍了一位日本公司的中方首席代表来做一场分享。这位女士是工作之后去日本留学的，在一家学制两年的机构学习。也就是说，两年之后，如果找不到工作，她就会面临身份、经济等多种问题，有很大的压力。

　　当时她有个日本同学是在职的，两人关系比较好，课间有时会在一起聊天。

　　时间过得很快，到了第二年的下半年，她开始拼命找工作，每天都过得很焦虑。一次课间，她这个同学说他的客户公司想找一个中国事务专员，条件是应聘者要会讲中文、日文，还要有相关工作经验，但符合条件的人太难找了。

　　听到这话，她激动得心都快跳出来了，想道：这不就是给我量身定制的职位吗？可是一直到最后，该同学都没有问她想不想去。

　　她觉得，自己这么大一个活人坐在这里，既然人家没有主动建议，那他一定是觉得她不合适，就是说说而已，所以她就没好意思把话接下去。

可过了一段时间，这个同学又跟她提起这个话题，最后还是没有问她想不想去。就这样又过了两三个月。

她一直认为，这个同学明知道她像疯了一样地找工作，如果人家觉得她适合，就一定会问她"要不要我帮你推荐一下试试？"既然他三番五次聊到这个话题却一直没有给建议，那一定是觉得她不合适。所以她干脆别问了，开口碰了壁多不好意思。

这两三个月是她最紧张和焦虑的阶段，马上就毕业了，她的工作还没有着落，她感觉真的要崩溃了。有个课间，这位同学又一次提起这个话题。这一次，她心想，豁出去了，碰壁就碰壁吧。

她鼓足勇气，假装开玩笑，用轻松无比的语气说："你老说这个位置招不到人，你觉得我怎么样啊？我能不能试试？"

没想到，她的同学立刻说："太好了，我就想着推荐你，但是跟你试探了这么多次，你一直没有表示，我不确定你是不是中意这个职位。"

后面的事情就变得很顺利了，因为有同学的推荐，她顺利地入职了那家公司，然后经过一系列的努力和拼搏，成了中国区办事处的首席代表。

后来，她问这个后来成了她同事和好友的同学："为什么你不在一开始就跟我直接说呢？那几个月，我因为找不到工作，天天过着地狱般的日子。"

那位同学反问她："你为什么不早点儿主动向我请求呢？这是你的私事，我不了解你的心意，怎么能勉强你？"

我并不是一个特别了解日本文化的人，我想这个故事里一定有一部分文化差异的原因。但是毫无疑问，这个故事中最大的差异，还是看待这个世界的时候，男女认知的差距。

无论面对的是事业、生活、家庭，还是爱情，男性总是更加主动的那个，而女性却从心理上被塑造得谨小慎微，处处躲避。无论内心多么热切，表面上都要装成冷冰冰的样子，要矜持，不然就会不好意思。一个"不好意思"，束缚了女人几千年。

是女性不会主动吗？不，完全不是这样子的，是女性在主动拒绝"主动"。因为"被动"作为一种套牢女性的手段，根植在女性人生的各个角落，甚至抹杀了女性的反抗意识，成了接受度最高的概念。

譬如说，这几十年里广泛流传的"玛丽苏"小说。

每一个"玛丽苏"女主角的表现都异曲同工，她们恨不得躲在人堆的最深处，还把头扎在沙子里。但无论怎么藏，她们还是会被抓出来放在舞台正中，美丽也好，狼狈也罢，成为众人的中心，备受瞩目。剧中总有一个心机深重的女配角，容貌比女主角美，能力比女主角强，她处心积虑，机关算尽，妄图引起注意或者陷害女主角，可最后总是铩羽而归。

小说传达的价值观是：身为女人，被动是高贵的。最矜持的生活方式就是，在别人的央求或者在某种原因下，勉为其难地去做某件事，其出发点绝对不是为自己。而主动追求是"下等的"，那些需要主动去争取的女人，一定会为了一己私欲而不择手段，结果总是因果回报，满盘皆输。

在这种世俗观念潜移默化的影响下，女性意识就变成了：被动也许会让你失去某个机会，但至少能让你保住颜面和矜持；主动并不一定能成功，但从开始的那一刻起，你就已经失了高贵和矜持。

可以说，"玛丽苏"小说就是女性被洗脑和教育之后的"成果汇报展览"，这世界上女人的"玛丽苏"倾向有多严重，女人就有多被动。

也许有人会说，为什么你一直在说女性被动的隐患，男性难道不会被动吗？

并不是男性不会被动，只是习惯被动的女人一定比习惯被动的男人多，这个差距不仅仅是天性使然，更是从孩提时代开始不断累积的结果。

从小学起，小孩子就知道打人或者骂脏话是要被老师批评的，所以小孩子之间最有攻击性的话大约就是："她厚脸皮，最爱自作多情！"

这里一定是用女字旁的"她"，因为爱自作多情、厚脸皮的男生并不会令人讨厌，多数情况下还会被认为有点儿萌。而厚脸皮、会自作多情的女生就不一样了，简直就是无耻下流，人人羞与为伍！

这些所谓的"自作多情、厚脸皮"的话，到底攻击的是女性的什么呢？当然，就是女人的主动性，这导致女人自觉放弃主动，回到世俗观念为她圈定的位置，不敢越雷池一步。

当女人已经习惯被动甚至以主动为耻的时候，就等同于心甘情愿地把自己束缚在那个狭小的空间里。她每一次想要主动争取权益时，都会被自己的羞耻心狠狠地推回去，一辈子顺从、妥协。这就仿佛开始键已经被按下，接下来只等着时间渐次发挥效力，慢慢剪掉女人的思想和羽翼，令其所有的能力退化，还让女人自以为是地觉得自己得到了庇护和安抚。

这才是男权社会中对女性的控制，细思极恐。不相信？那就去了解一下金屋藏娇这个故事，看看陈阿娇的结局吧。那并不是一个爱情故事，更没有宠爱与呵护，只有拥有和控制。

当一个女人陷入被动状态时，她会把自己的一切，无论是幸福还是痛苦，都归结到别人身上。她总是在想：我的人生不幸福，是因为他没有给我幸福，或者我没有找到那个对的、可以让我幸福的人。就算她的人生很幸福，她也会认为这是命中注定，觉得自己是个好命的女人。她从来不会想到，自己其实完全可以掌握、改变自己的人生。

人生的意义，别人给不了你

我想每个人都不止一次思索过，到底什么才是人生的意义。

从客观上来说，每个人的生命都是偶然的。可是从个人角度看，这样想未免太悲观。

关于生命的意义这个论题，如果正面讨论，大多数人都会觉得枯燥乏味、毫无兴趣，可是运用逆向思维，我们就会发现，就是因为此题无解，人们才会觉得迷茫而虚无，或者紧张焦虑，或者厌倦无味。

实事求是地说，工业化革命后，社会越来越向着商本位、经济化的方向发展，力图把每个人的信仰和注意力转移到物质上，让我们以为有钱就有一切。然而事实上，这完全解决不了任何精神层面的问题。

今天这个世界上的绝大多数人，也包括正在看这本书的你，如果静下心来，认真思考自己的人生，就会发现，原来你这一生一定需要"某种东西"才能坚定不移地活下去。这个东西可以是阶段性的金钱和物质，可事实上，在更多的时候和更广阔的范围里，这种东西更多的来自对某种事物、某个人的精神或情感依赖。

这种精神或者情感依赖，让自己心甘情愿地倾其所有，直至献出自己的生命，我把这称为"爱的力量"。要记住，是去爱，而不是被爱，无论现实如何严峻，无论自己出于什么理由在逃避，只要没有主动付出，我们的人生就总是缺少一部分动力，从而跌进负面、消极、抱怨的阴影里。

让我深感幸运的是，我在上大学的时候就看到了一本书——维克多·弗兰克尔医生写的《活出生命的意义》。

弗兰克尔医生是犹太人，"二战"期间，已经拿到美国签证的他，因为父母年事已高，选择了留在维也纳。后来他和他的父母、新婚妻子及兄弟姐妹全被德军抓进了集中营。他的亲人被纳粹用不同的方式折磨而死，他之所以生还，是其医生身份被纳粹评定为"有用"。

即使有医生身份，他在集中营中也受到了非人的折磨。"二战"胜利之后，他回到维也纳，更可怕的噩梦才刚刚开始。因为他才发现，原来他的亲人们已全部离世。

说起人生的悲苦，请问还有谁能比他更苦？可是弗兰克尔医生却根据自己的经历，提出了"意义疗法"。

所谓的意义疗法，是一种心理治疗方法。这种方法在治疗策略上着重于引导就诊者寻找和发现生命的意义，树立明确的生活目标，以积极向上的态度来面对和驾驭生活。

在《活出生命的意义》中，有这样一个细节：在集中营里，弗兰克尔医生与一群俘虏被迫跋涉到某地铺铁轨，其中一个俘虏提到不知道他们妻子的命运如何，这让弗兰克尔想到了他的新婚妻子。

那一瞬间，他领悟到，虽然他不知道妻子的下落，但是她"存在"于自己的心里。于是，他写下这样一段话：

> 在任何情况下，人的生命都不会没有意义。有人在看着我们在艰难环境中的表现，这个人可以是朋友、妻子或者活着和死去的他人。他们希望我们骄傲地而不是悲惨地面对苦难。①

人类可以经由爱而得到救赎。一个在这世界上一无所有的人，仍有可能在冥想他所爱的人时尝到幸福的感觉，即使是极短暂的一瞬。

生活中，我们每天都会遇到很多不同的事情，会根据这些外界的刺激做出反应。譬如，被夸奖时，我们会喜笑颜开；被讽刺后，我们会涨红了脸；被伤害后，我们会流泪。

人的大脑是一台异常精密的"仪器"，它在面对众多的刺激，经过辨别后，会做出两种反应：被动反应和主动反应。

被动反应，是指类似条件反射的直接反应。譬如说，被水烫到了，每个人都会跳起来；看到美味的蛋糕，很多人会流口水。

主动反应，则是经过大脑分析处理之后的一种反应。就好比同样被水烫到了，可是为了达成某种目的，人用自己的意志去控制反应，所以不会跳起来，而是继续面不改色地正襟危坐。和被动反应

---

① 维克多·弗兰克尔.活出生命的意义［M］.吕娜，译.北京：华夏出版社，2018：99.

不同，主动反应更加复杂，具有社会属性，影响因素包括：人的自我意识、道德准则、想象力、自我意志。

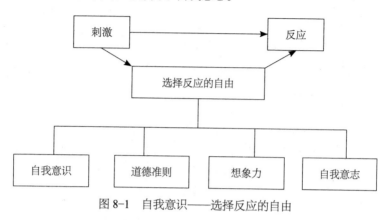

图 8-1　自我意识——选择反应的自由

这个世界是客观的，会存在各种各样让我们或喜或悲、或伤感或愤怒的事物，有的时候，我们可以通过改变客观事实来改变自己的状态，可有的时候，我们真的无法改变那个事实。这个时候，如果我们可以掌控自己，改变自己的情绪，那么我们看世界就会有不一样的效果。

这个概念有点儿抽象，我们来举一个简单的例子。在我家后院精心修剪的绿草地上，突然长出了一只蘑菇。我的直接反应是："好丑，破坏了花园的统一性。"那么我只要走过去，把这只蘑菇拔掉，就可以恢复花园的整洁。

可如果这是一个公共花园，或者朋友的花园，那我就没有走过去把蘑菇拔掉的权利。那么我应该怎么办呢？站在窗口前长久地看着那只蘑菇发怒吗？并不会。或许我们可以调整自己的态度，觉得在修剪得特别整齐的绿地上，有只蘑菇也能自成风景；干脆离开这扇窗户，去看另一边的树。绿地还是那块绿地，蘑菇也还是长在原地，但就是因为我们改变了自身的位置和看法，我们就改变了心情。

这就是为什么我们需要从被动的得过且过、漫无目的的人生中脱离出来，主动地生活，并且赋予自己生活的意义。要知道自己想要的是什么，知道什么才是值得自己付出的，只有这样，我们才能有力量积极地走下去，不被别人掌控。

扭转局面，变被动为主动

美国作家、哲学家梭罗曾说：最令人鼓舞的事实，莫过于人类确实能主动努力，以提升生命价值。长期习惯性被动的女人，到底该如何改变这种局面，以一种正面、积极、主动的方式去掌握自己的人生呢？

1. 意识到自己正处于被动模式

我的公众号常常会收到一些女性的求助，她们可能遇到了感情或者婚姻中的某种问题，希望我能给她们出主意。

遇到这种情况时，我一般会给她们列一张书单，请她们去看几本讲两性关系的书。这些都是我看了又看、认为受益匪浅的书。我说："你看完了，如果还想不通，再来找我。"可是有很多人收到书单后，会一再问我：在哪里能找到这些书啊？网上能搜到吗？你有资源吗？可以发给我吗？手机能看吗？

这些都是非常著名的书，只要在百度搜书名，就可以发现全网都有，无论是纸质书还是电子书，都很容易找到。我觉得，这个简单的例子，很能代表人生中主动与被动的态度。

被动的人在遇到问题之后，不会主动努力思考、分析问题、解决问题。在思考之前，张口就问："到底应该怎么做，在哪里做啊？"他没有自己去找寻和收集信息的意识，即便别人把信息分享给他，他也不会在分析、处理之后，再去执行。

当你总是希望别人把什么都给自己准备好塞到自己手里，并且认为无论有什么问题，永远都不是你的责任时，这就是一种缺乏主动意识的惯性表现，也是能够判断自己是不是习惯性被动者的一个指标。

2. 不要说"不是我"，别试图转嫁责任

十几年前，孩子小的时候，我们请了一个保姆。我跟她说任何事情，她都会在第一时间找出理由，告诉我不是她的问题。

譬如，我说："咦？烤箱没有清洗。"她就会说："我不会用烤箱，不是我用的。"

譬如，我说："炒菜不要放这么多油。"她就会说："那个油瓶子的瓶口有问题，很容易倒多了。"

再譬如，我说："最好不要在孩子睡午觉的时候用吸尘器打扫地面。"她会说："我没办法，孩子醒着的时候，我没有时间。"

那是我第一次雇保姆，没有经验，我害怕哪句话没说好，会伤

害她。我会尽量少给她提意见。可居家过日子，总会有些琐碎的事情，渐渐地，我便无法忍受她终日被动负面的态度了。看到她如同看到一片阴云，她让我感到非常压抑。我试着告诉她，我不追究责任，只是需要解决问题。可是被动思维已经完全困住了她，让她无法挣脱。

无奈之下，我向家政中介反映，想看看中介能不能改变她的做法。中介听了我的诉求后说："我给你换一个人吧？她上次被解雇也是因为这个问题。"

我是个敏感的人，解雇第一个保姆让我不仅难受，而且感到震撼。我回去很认真地想了整整两天。我知道我无法改变她，我也真的无法接受她的做法。我决定换人。

我多给了她一些钱算是补偿，还送给她一大桶油，因为很沉，我专门开车把她送到车站。下车的时候，她提着油，看着我欲言又止，最终只说了一句："谢谢。"

在开车回家的路上，我心里既难过又压抑，到家却长舒一口气。她仿佛是整个世界的低压点，我离她越远就越感到轻松。

具有被动消极思维的人并不仅仅存在于工作中，在生活中也无时不在。尤其是在婚姻里，每个人都在拼命控诉对方的不是："就是他把我搞得这么惨，这完全是他的责任，如果当初我没有嫁给他，我绝对不是今天这个样子！"我们经常听到这种话，不是吗？

有被动消极思维的人通常都是弱者，他可能受过伤害和打击，所以下意识地想把责任转移出去。可转移责任，尤其是不问青红皂白、盲目地转移，结果往往令人愤怒。久而久之，就没有人愿意帮助他，甚至不会有人愿意靠近他了，因为这种人是"乌云"，让人无法喘息。

3. 扩大自己的影响力

人的精力都是有限的，只有被我们关注，再经过学习、研究、思考，一些事情及其引发的思考才能慢慢地变成我们不断扩张的影响力。

在社会中，影响力决定着一个人在社会群落中的地位，也是其能否成功最关键、最有价值的因素。一个人对别人的影响力越小，他的人生就越黯淡；对别人的影响力越大，他的人生就越丰盈。而产生影响力的前提就是关注。

关注有主动关注和被动关注两种方式，但是影响力只能有一种，那一定是通过自己的努力，主动输出被人认可、值得借鉴的价值。简单地说，影响力＝有效输出。

在关注和影响力这两个参数中，消极被动的人会将大把的时间和精力停留在"关注圈"，单向接收。可要注意的是，接收不是学习，学习是记忆和消化接收的价值，并把它变成自己的认知。而被动接收只是在消耗精力，完全没有意义。

有一阵子，我有个助理特别喜欢刷抖音，临睡前躺在床上，只想简单看一下，可一刷就能刷到凌晨一两点。后来她痛定思痛地卸载了抖音，跟我们讲，她的那段日子好像是在噩梦里，人躺在床上，脑子完全是空的，就是机械地在刷。

如果用同样的时间看书，哪怕是看电视连续剧，看完了总还会产生一些自己的想法和观点。然而看了几个小时被平台计算之后精准分发给她的可笑视频，她的脑子空到甚至能听见回声。

是的，如果我们只是被动接收资讯，就会产生一种被束缚的无力感，觉得自己和外界好像有很大的关系，可事实上，外界跟我们完全没有任何关系。这样只会渐渐地缩小我们的影响力。

作为一个人来说，自己的一切要求和呼吁，都要基于自身的影响力价值。自身没有价值的人提出再合理的要求，也未必会被执行。可是有自身价值的人每次提出要求时，立刻会得到更多的关注。

所以，在社会中，增强自己的影响力是拥有高质量人生的根源。达成这一切的根本途径只有一个：主动去做。

其实，每一个生命都是大自然一个偶然的奇迹，并没有特别的意义。可是我们出生、长大，有了精神和感情，随着日积月累，我们每个人给自己倾注了人生的意义。

我们想要快乐，我们想要幸福，我们想要有质感的生活、深度的亲密关系。然而一切让我们的人生"好起来"的行为，细想起来，都是主动的行为，需要我们去努力、去争取。

主动力、关注力、影响力……这些看起来生硬的名词，不仅仅适用于职场或者男性，也适合女性，任何一个完整的个人的自我成长，都离不开这些方面。

很多时候，我们无法改变世界，那就来改变自己。从现在开始，从这一刻开始，我们要做的第一件事情就是：主动、有意识地改变自己。

　　每次想要说"我不行"的时候，就改成"我怎么做才能行"；想要说"不是我的问题"的时候，就改成"会不会是我的问题"。

　　这种练习，并不是为了让自己习惯于责怪自己，而是让自己可以有一秒的停顿，思考一下接下来到底应该怎么做，而不是"我应该如何执行别人的决定"。

那些运气好的人，做对了什么？

常常有人跟我说："你运气真好，公众号做得早，那时候多容易啊。"

的确，2014—2016 年，公众号作为一个全新的行业，真的是一个红利风口，一下子涌现出我们这一批自媒体。一开始，我和大多数女人一样，心中住着一头"我没有资格"的怪兽。所以，当别人这么跟我说时，我总是点点头，唯唯诺诺地回应："是的，是的，我赶上了好时候。"

有一次，我和另一位公众号号主子鱼聊到了这个问题。我还记得那是一个阳光灿烂的冬日中午，我去北京出差，她请我吃了全聚德的烤鸭。

她一面开车送我去机场，一面大力地拍了一下方向盘，说："还有人跟我说，'那几年做公众号，连猪都能飞起来'，你知道我说什么吗？"

我赶紧把脑袋伸过去听，她说："我就跟他们说，前提是你得先是一头猪啊，为什么在风口上，猫啊、狗啊、鸡啊、羊啊，都没有飞起来呢？"

我一下子没忍住，笑出声来。朋友一句无心的话，就回答了我冥思很久的问题。

到底什么是我们的好运气？

我们总能看见，有些人的人生看起来比别人的更顺利：有的人10年前买了房子，如今房价翻了20倍；有的人创业成功，成了老板；有的人生了好孩子，考试都是第一……

我们把这些给生命升值的事情归因于运气。从古至今，从帝王将相到平民百姓，人人都希望自己能够获得好运气。可无论如何，在今天严肃科学的领域中，运气被称为迷信。我们并没有确凿的证据证明，一个人的运气可以被改变。

在祈求命运改变之前，我们要先搞清楚究竟什么才是运气。

抛开那些玄学的解释，运气可以解释成人生本身的不确定性，当我们的际遇超出我们对人生的期望时，就会被认为是运气好，反之就会被认为是运气差。

譬如，年轻人都很喜欢的抓娃娃游戏。鉴于我非常不擅长这个活动，带着孩子去抓娃娃，半小时内能抓出一个娃娃，我就觉得自己运气超好。可是我有个好朋友是抓娃娃高手，如果在半小时里抓不出三个娃娃，她就会觉得今天运气真差。对于抓娃娃这件事而言，我们的起点不同，对于运气的评价也不同。

那么，现在再让我们来看看能否找到一个有效改变运气的方式。虽然古希腊神话中总是把命运比喻成箭，常常会说他被命运之箭射中了，然而事实上，我认为在冥冥之中，运气更像是天上飘下来的雨，你站的位置决定了你是否会被淋湿。

其实，看起来完全是被动人生参数的好运气，真的可以依靠我们的主动努力去拥有，至少拥有其中的一部分。

想让自己的运气变好并不是很难，只需要做到以下三步。

1. 克服不适，主动接近好运气

我跟我先生刚回国的时候，住在公司的公寓。这是一个全封闭式的小区，是一个奇特的生存空间，一院子住的都是公司的法国员工不上班的家属。从社会角度来说，作为家属，我们都是平等的，可每家的老公在公司里面的级别和位置，人人心如明镜。

小区中心是一所法国学校。学校里有三个中文老师，我无意中听说，有个老师有可能在下学年离职。我很想去学校教中文，倒不是为了钱，而是为了有件事情做。要知道，我们住在很偏远的郊区，每个女人都差不多闷疯了。除了学校，几乎没有工作的可能。可我担心的是，如果我主动去问，一旦被校长拒绝，大家都住在一个院子，以后碰面将非常尴尬。

我犹豫了很久，还是决定试试。我没直接去找校长，而是偷偷地对学校一位叫作小 D 的中文老师说："我想试试。"

小 D 当时没有表态，我觉得有点儿尴尬，但这总比被校长拒绝好。

一个多月后，小 D 突然给我打电话："我找了个机会跟校长说了，他同意了。回头校长会直接找你。"

我开心得不行，于是开始等电话。等了一个月，中间碰见校长很多次，也完全没见有动静。我就去问小 D，她说："校长已经同意了，你再等等吧。"一个院子的社交圈是很小的，我隐隐听说还有其他人想做中文老师。

有个周日，学校搞活动。大人和小孩子都去帮忙。我家孩子虽然还没到上学年龄，但也跑去帮忙了。我正挽着袖子忙着，校长需要有人跟他一起抬凳子，我就自告奋勇地去帮他。我们一起把凳子抬到另一面，趁着旁边没有人，校长就像是突然想起来一样，问我："对了，你是想要来教中文吗？"

我赶快点头如捣蒜地说："是啊。"

校长说："好的，我没有问题。不过暑假之前，你别跟别人说。"

我就这么敲定了我的"面试"，超开心。我不知道校长为什么选了我，我跟他并没有私交。按照级别，我先生在公司中的位置不高，最初我能想到的答案，就是运气。

工作之后，我和校长渐渐熟悉了，有一次他跟我说："我虽然不懂中文，但是我非常相信小 D。"

可以说，我是幸运的，但如果我没有鼓足勇气主动去争取，幸运并不会落到我头上。

当我们去请求别人时，我们的内心总会有冲撞的"前戏"，因为我们不能确认，这个未知的人会对我们笑脸相迎，还是冷冰冰地拒绝我们。其实，退一万步来说，真的遭到拒绝，又会出现什么后果呢？无非是觉得被伤害、不舒服。

今天我们都知道，完成比完美重要，而比完成更重要的是开始。

如果我们连一点儿碰壁的灰心都无法调节，继而放弃了开始，运气如何会光顾？

2. 设法获得贵人的帮助

虽然世界万物运行各有规则，但是在背后推动事物发展的还是人。我们常常会听到类似"遇见贵人"的故事，比如一个被老上司压榨得不得志的员工，因为被新上司赏识，"小宇宙"爆发，升职加薪。

从表面上看，这些故事都是在讲贵人主动出手，而"我"被动地承受了上天垂青的运气。但事实并不完全是这样的。

也许我们应该从贵人的层面来考虑这个问题。

要知道，贵人常常是职位较高、有一定社会地位的人，这样的人每天都会接触很多人，那么他帮谁、不帮谁究竟由什么因素决定呢？我认为有以下三个要点。

（1）贵人当时的需求

贵人都会有自己的人生需求和人生走向。当他在做一件事情时，你正好出现在他前进的视野中，又符合他的要求，那么贵人就比较容易伸出手拉住你，一起朝前走。

如果你认为自己被选中只是因为自己正好出现在他前进的视野中，那就太天真了，这个世界上有多少事情看似无意，实则都有背后的道理。

（2）你的个人能力

从大数据上来说，这个世界上能帮到你的贵人其实蛮多的。纵然你有幸撞到贵人身上，接下来决定能不能被帮助的关键人，根本不是贵人，而是你自己。如果你并不具备这个能力，就只能看着机会从手边滑走。这是一个不需要讨论的问题。

（3）你引起了贵人的注意

请记住，引起别人注意的最佳方式就是有依据地向别人表示感谢。每个人都喜欢会感恩的人。当第一层的好感建立之后，再加上个人能力和贵人的需求，你得到帮助的概率就会大大提高，运气就会更加偏向你。

我分享一个亲身经历的故事。

有一次，我们有支广告出了问题，大家连夜加班，一直到凌晨两点才最后定稿。广告公司的小姑娘特别感谢我们的配合，专门订了一束鲜花送到我家里。因为这束花，我们熟悉起来，偶然会在朋友圈互动。

我给她介绍过很多 KOL，再后来她想换工作，我就把她介绍给了别的广告公司。每次她有业务，都会推荐我。这几年我们合作了很多次，次次都很顺畅。

她曾经开玩笑说我是她的贵人。事实上，我帮她真的不是为了那束花，而是因为她正好在我的领域里，每次和她合作，无论业务复杂还是简单，都十分顺畅。她还成功地让我把她和其他的媒介区分开，我自然更愿意帮她。

3. 学会在负面信息中看到正面转机

这次不说女性，我们先来说一下商业战争。

曾几何时，康师傅和统一企业的竞争非常激烈，趋近白热化。世界方便面协会数据显示，2011 年之前，中国大陆方便面销量连续 18 年保持两位数的增长，2013 年的销量达到了历史最高值 462.2 亿包。但自此之后，中国大陆方便面销量却开始连年下跌，2016 年跌至 385.2 亿包，相比 2013 年下降了近 80 亿包，跌幅高达 16.66%。

然而，康师傅和统一这两个庞大的品牌在市场上被打败的原因，并不是市场上新出现了"马师傅"或者"牛师傅"，而是突然崛起的饿了么、美团等外卖平台，它们抢占了方便食品大部分的市场。对于交手甚久、你死我活的两大对手来说，这真是万万没有想到的。

可是作为第三者而言，我们并不难看到，在商场上有个定律：能够让一个行业产生颠覆性变化的，往往都不是来自行业内部的竞争者，而是门外汉。

我举这个例子，是为了讲明一个关于自我的小道理，在我们觉得四面楚歌、走投无路的很多时候，换一个角度往往预示着转机。

那么到底如何才能够抓住新的转机呢？前提就是，要主动、积极地去思考并努力，总之不能坐以待毙。在任何状况下，我们都要懂得转换一种思维，即使面对完全负面的信息，我们也要努力从中找出正面的意义。这是一种非常有创造力的态度。

就像我在前文说的那样，超出自己预期的才叫运气。看到不一样的状态，才能产生运气。

第 九 章

事业和家庭，能否都搞定？

精英人设，也许并不适合你

如果我们抓住一个女人问"一个成功女人应该是什么样子的"，十有八九，大家会想到几年前风靡的电视连续剧《欢乐颂》里面的安迪。作为一名从华尔街归国的精英，安迪干练、优雅，霸气却内敛，穿着合身的职业套装，戴着名牌腕表，拨弄着以亿计算的资本，掌握着成千上万人的命运，却搞不定自己的爱情……

据说安迪是有原型的——脸书（Facebook）首席运营官谢丽尔·桑德伯格。她不仅仅是脸书的首席运营官，也是第一位进入脸书董事会的女性成员，被《福布斯》评为"前 50 名最有力量的商业女精英之一"，更被《时代周刊》评为"全球最具影响力的人物之一"。

随着全球经济的发展及女权运动的推动，已经有越来越多的女人从底层、中层走入上层，成为高管、执行总裁，甚至是巨型企业CEO。这些杰出而优秀的女人不仅有桑德伯格，还有 IBM（国际商业机器公司）董事长、总裁兼 CEO 罗睿兰（Ginni Rometty）、通用汽车首席执行官玛丽·博拉（Mary Barra）、雅虎 CEO 玛丽莎·梅耶尔（Marissa Mayer）……

200 多年前工业革命开始后，人类社会有了工厂、公司这类经济共同体。"二战"之后，巨型跨国公司在全球兴起。在大公司工作往往意味着有稳定的收入、持续增长的福利和自带含金量的价值，所以最近几十年来，一种社会观念根深蒂固：高管＝精英，高管＝成功。高管的含金量有两个衡量标准：公司规模的大小和自己被任命的级别。

从理论上来说，这个观点十分正确。

如果说把大公司比作一座金字塔，位高权重的高管一定经历过"人踩人""杀出一条血路"的阶段，必然具备兵来将挡的超人能力，不仅要有学历、背景、能力、担当，更要有人际关系、攻守同盟、战略眼光和准确无比的前瞻性等，缺一不可。

可是，如果在社会中，仅仅用高管的级别来定义女性的成功和价值，则是一件略有偏颇的事情。

首先，高管，尤其是公司规模大、成就卓越的高管，并不仅仅源于自身的努力。

如果我们认真地看过那些具有普世意义的成功女高管的传记，就会发现她们有几个共同的特点：出身至少为中产或者富裕家庭，成绩优秀，出身名校，进入大公司，然后平步青云。从职业生涯上来看，她们根本没有走错任何一步，从公司内部一直走到台前，实现"火箭式"的飞跃，成为众人瞩目的成功女人。

我绝对没有任何诋毁她们个人能力和自身努力的意思，能够获得如此大的成功，在背景和运气之外，她们一定有着惊人的毅力和能力。但是作为普通女人，我们也应该清楚地认识到，这绝对不是你或者我这一辈子拼命努力就可以到达的高度。

大公司更是如此。越大的公司，越讲究员工名校的学历。在美国，父母兄弟等近亲中如有常春藤名校校友和社会知名人士，并且他们中有人加入了校董会或者给予学校捐赠，新生入校的权重就会大大增加，这已经是白纸黑字、被公开化的事情。

除了学业上能够获得有力"加持"，在忙于工作时，女高管身边一定少不了得力的帮手。譬如，我在读桑德伯格的《向前一步》时，看到了这样一段经历：每当她的孩子开始不舒服，哪怕还没有生病时，她就会给她的妹妹打电话。她和妹妹不仅关系很亲密，而且她的妹妹正巧是儿科医生。在桑德伯格出差、工作、开会……忙到不可开交的时候，她完全可以放心地把孩子交给妹妹照顾。

如此不食人间烟火的人生，如果不是我的编辑给我大力推荐这本书，看到这页的时候，我很有可能已经关上我的 Kindle（电子阅读器），不会再读下去。要知道，在西方社会，做医生的门槛不低，尤其是儿科、牙科等专科医生。

我不知道，如果让她在凌晨两点半抱着高烧 42℃、随时都会呕吐的孩子往医院狂奔，心急如焚地满医院找医生，第二天她能否依旧镇定、淡然地参加高层会议、侃侃而谈？

对于普通女人来说，这种令人终生难忘的抓狂情景并不是一生只有一次，而是每隔一段时间就会出现，譬如孩子从楼上摔下来，满头是血，总之难度和令人抓狂度丝毫不减。

其次，在一家大公司做高管和女性的天性有些相互矛盾的成分。公司越大，规章越多，位高权重，牵制也就越多，没有人能够根据自身需求去支配自己的时间和精力，必须大批量舍弃生活和家庭，就这一点而言，并不适合每个女人。

因为女人的天性是感性的、细腻的，对于权力和支配的欲望低于男人。在一个层叠的社会或者公司中，女人一定是有上升意愿的，但女人的幸福往往源于一种让自己怡然自得的生活质量和状态，而不是来自力战群雄、打赢左右无敌手、成为"盟主"的欲望。

在今天的社会中，虽然大公司精英女高管是一个十分成功的女性群体，但是对于女性来说，这并不应该成为衡量她成功与否和人生是否有价值的唯一标准。

每个人的起点、意愿各不相同，世界发展的标准并不仅仅是走得更远，还包括走的范围更加广阔、更加有兼容性。

我一直认为，一个人的人生价值不应该用这个人达到的高度来衡量，而应由他在自己人生中走出的距离来衡量，这是一个绝对值，不会改变。

譬如我从海拔 100 米的位置出发，而你从海拔 2 000 米的位置出发，我走到了 1 600 米的位置，而你走到了 3 500 米的位置，即使我仍然没有到达你的起点，但是我们各走了 1 500 米，人生是等值的。

当然，这是非常简单和粗暴的运算方法，仅仅是一个比喻，因为在人生中，会有更多不同的参数来改变整个"表格"的权重。但道理是相同的，别人的成功并不一定是我的成功，而我的成功也不等同于别人的成功。

人生没有可比性，我们要做的是提高自己能够走出的绝对值，不给自己的人生设限，找到自己人生的意义。

那么，当不了高管的我们到底要怎么做呢？

在众多可能性中，
找到最适合自己的那一种

有一次，我和一个从法国回中国出差的朋友一起吃饭。

她是 3 个孩子的母亲，在巴黎郊区开了中文课堂，教小孩，也教大人，暑假还会组织法国孩子来中国游学。她那次回国，就是来准备迎接她的暑期游学团的。

那个暑假，她有 4 个游学团，前所未有地爆满。其实，她开这个中文课堂的初衷，只是不让自家孩子忘记中文。

我们聊起了其他几个共同认识的人。

M 太太是学艺术的。她生了孩子之后，在巴黎做独立摄影师，拍婚纱，也拍网红的巴黎日程。摄影师赚的是口碑和人脉，2020 年时装周，她接到了明星街拍的工作。

S 太太本来瘦得跟纸片人一样，生孩子后一直腰酸背痛，有一阵子常常苦着脸抱怨说，因为月子里没人照顾，所以才落下这"月子病"。后来，她开始学瑜伽，已经拿到了瑜伽执教的证书。她把自家车库装修了一下，在晚上和周末开了瑜伽室，专门教街区里没时间运动的职场妈妈做瑜伽。4 岁的女儿是她最小的学员，这个小女孩常常在妈妈旁边有模有样地做着瑜伽。我看着那些照片，真的能感受到浓浓的爱意。到目前为止，她的瑜伽课并不收费，但是她通过瑜伽课认识了社区中很多妈妈，这不仅帮她得到一份她更喜欢且离家更近的惬意工作，而且让她在社区中备受尊重。现在的她每天都信心满满，幸福感爆棚。

再说回我。

有一天，我在文章中写"我的小助理"的故事，有读者给我留言："卢璐姐，你究竟有多少助理？"我愣了一下。我习惯把我们公司的每个"小朋友"都称为"我的助理"，事实上，我们现在是一个有 10 个人的小团体了。每个人分工明确：有人管运营，有人管选题，有人管电子商务，有人管会计、报税和法务。为了让我能更专注地写作，我们还设定了人事架构体系，有些同事甚至不归我直接领导。我们每年会定期开年会，逢年过节也会有模有样地给分散在五湖四海的同事发福利。

我从来没有想过当老板，但不得不说，我已经从一个自由职业者转型成为一家小公司的老板了。无关野心或者自信，只是从现实的角度来说，我要承认，我的公司永远不可能做到上市，或者做出一个能够传承百年的品牌，这也不是我的需求。我的需求就是和上文的那几个妈妈一样，要有自己的事业，要有自己的家庭和孩子，最好还能留点儿时间给自己，好好享受生活，而不是仅仅把自己的名字写进商业史。

今天让我觉得特别骄傲的，并不仅仅是我在社会上的成就和我赚到的钱，更重要的是，在我做了这些的时候，我还是没有缺席过孩子学校名目繁多的各种表演、家庭日或者家长见面活动。

我相信看到这里，一定会有很多人觉得，成为网络上的意见领袖或者女性创业者，抑或是自由职业者，只不过是社会中一个很小的群体，并不适合大多数女人，但我们需要学会辩证性地看待每一个问题。

2015 年竞选美国总统的时候，希拉里·克林顿就说过："很多美国人通过出租小房子、设计网站、出售自己在家中制作的产品或者开自己的车获得额外的收入。这种按需，或叫作'零工经济'，创造了令人激动的经济机遇，引发了新的创新潜能。"

当年，美国已经有 34% 的人不去公司上班。各种"零工平台"根据发展趋势预测，到 2050 年，全世界将有 50% 的人成为自由职业者，届时去公司打卡上班的人反而会成为少数派。

自由职业者指的是那些不受聘于任何公司和机构、独立工作、进行自我管理的人。他们凭着自己的智慧、技能或者劳动创造自己的人生。今天的自由职业者不仅仅是打零工、朝不保夕的社会底层劳动者，更是出现在各种领域的高度脑力工作者，包括律师、医生、作者、艺术家、设计师、建筑师、健身教练、IT（信息技术）研发、培训讲师等。

因为自身的这段经历，我周围聚集着非常多和我有类似经历和价值观的女人。结婚生子后，我们开始步入另一个人生阶段，利用自己的特长、技能和认知，衍生出另一种人生，让我们成了并不是仅仅以金钱来计算价值的全职或者兼职的自由职业者。

有的人，比如我，渐渐从以件记酬的兼职自由职业者慢慢转型为女性创业者；有更多人维持着自己的职业、家庭，在业余时间再做点儿自己喜欢的事情，增加收入，提升人生价值。

在 20 年前甚至 10 年前的社会，这种可能性是基本不存在的，可是如今网络改变了整个地球，包括生活在地球上的每个人。我写下这些文字的时候，正在巴黎近郊的家里，小女儿跟着爸爸在花园摘苹果，大女儿在厨房里准备做苹果饼。

要知道，全世界只有一家脸书，脸书只需要一个桑德伯格，格力也只需要一个董明珠。无论是男性还是女性，成为高管的概率都不高，可是，这并不代表所有成不了高管甚至因为生育或者家庭离场的女人，在未来只能一事无成。

其实，随着互联网对于整个世界和社会关系的改变，基于成为大公司高管的职业曲线与女性人生曲线相背离的事实，我们应该把自己人生总的份额，包括工作、家庭、个人的想法和意愿等综合起来，找到一种可最大化实现的方式，统一经营成自己的价值。

我并不是在号召每个女人都要离职、创业或者成为全职主妇，我想说的是，随着时代的发展，社会一定会越来越宽容，可以给生活在穹顶之下的每个人提供更多样的选择，而这些选择并不一定以金钱为价值衡量的第一标准。

不是每个女人都可以成为高管，但每个女人都可以成为自己的CEO，开创自己的天地。

在焦头烂额的日子里
修炼"领导力"

有一次，正值年终，保姆请了三周的假。我先生当时非常忙，不是出差就是应酬，家务、照顾孩子就全落在了我的身上。

晚上，我正在厨房里开着轰隆隆的油烟机炒菜，思迪举着电话给我送过来，是我们的商务媒介打来的。

电话接通后，她跟我说，明天要发的商业稿涉及的产品出了问题，要换产品，稿子、排版都要大改，还有各种工作需要确认。问题是，该品牌负责人夜里 0:10 就要乘飞机去国外度假了。结论就是，现在要马上改稿子，不然所有工作都将前功尽弃。

在跟她通电话的时候，我的脑子就开始拼命地转。

我当然可以说："产品出了问题，不是我的错，我就不改，大不了我不发了。少了一支广告的收入，这个损失在我可接受的范围内，品牌方对我无可奈何。"可是这么做对品牌方的媒介、商务、品牌本身未免太不负责，这和我做事情的理念不符。

面对突发事件的第一要素，就是先一股脑地把所有要处理的事情列出来。所以，还没挂断电话时，我就已经分析好接下来要面对的情况了。

1. 我先生今晚有应酬，就算这会儿给他打电话，他也回不来。
2. 孩子们还没吃饭，作业没有检查，澡没有洗。
3. 19:00 和 19:30，每个孩子分别上一节 25 分钟的线上英文课。
4. 助理秋小天今晚去跟未来婆婆吃饭，和我打过招呼，22 点前不在线。
5. 今晚我预计要改一篇书稿，而且已经跟编辑保证今晚一定交。

明确情况之后，我对商务小姑娘说："我知道了，我要看一下品牌给的回馈文件，我们线上联系。"

挂了电话，我往正在煮的菜里加好水，用小火焖煮，再冲到书房打开电子文件——有 32 条批注，我一目十行地看了一遍。

然后我按照时间节点把要做的事情在脑子里大概过了一遍，没有时间停顿，马上开始执行。

我先拉工作群，有商务、莉小莫和秋小天。莉小莫是我们的时尚编辑，秋小天不在，她是我能找到的最合适的人选。工作要分工到人，明确职责。我 @ 莉小莫立刻开始搜集资料；@ 秋小天，让她准备好，吃完饭就上线排版；告知所有相关人员，我将在 20:30 开始修改文字部分，预计 22:00 点改完。

我权衡了一下，帮孩子们洗澡这一项相对次要，去除了。我先检查了子觅的作业，让思迪摆桌子开始吃饭，因为思迪的在线英语课排在前面。然后我让子觅吃饭、上课。趁着子觅上课，我检查了思迪的作业。

20:15，我搞定了两个孩子，让她们去刷牙、睡觉。而我还有时间把碗收进洗碗机，给自己沏了一杯柠檬茶。等我坐在书桌前时，正好 20:30。

我快速浏览了一遍群里的消息，莉小莫的资料已经发给我了，到底应该怎么写、用怎样的例子和行文方式，我已经在吃饭时打过腹稿，所以 21:30 就把文字部分改完了。

我把改好的文字发到工作大群里，@ 所有人，开始想题目；@ 莉小莫修改错别字和病句；@ 商务，让她先把内容发给品牌方过目，看看有没有其他修改意见。

秋小天 21:40 上线排版了；22:10，品牌方给了一次反馈；22:40，我改了第二遍；23:15，品牌方又给反馈，这次要修改的都是细节了，我就让秋小天一个人改。

我找出一篇写了一半的稿子开始写，因为广告万一确认不了、不能发，我就必须要准备好明天推送的文章。其间，我们还为了题目争执了一番，最后一版预览发出去确认的时候，已经是 23:45 了。

0:19，所有人都没有睡，在群里面聊着天保持清醒状态，但失望的情绪开始滋长，因为我们都以为品牌负责人"飞"走了。突然，商务发来贺电："预览确认啦，我们明天按点发。"

一瞬间，每个人都在发欢乐表情，我发了一个给大家加鸡腿的红包。之后，我打开了要改的书稿，很认真地读了两遍，然后默默地去刷牙、洗脸，上床睡觉。

第二天早上，我把孩子们送上校车，回到家是 6:55。我煮了一杯咖啡，坐在书桌前，重新读了一遍书稿，理顺思路，然后开写。

这几年，我不再能熬夜了。我一般都是在 23:30 到 0:30 睡觉，否则第二天就会疲惫不堪。但是我常常会把需要思考的东西，比如不知道怎么下笔的选题或者写了一半的文章，在睡觉前看一遍。很神奇的是，第二天早上，我就会有一些头天晚上想不到的点子。

终于，我在早上 9:40 把改好的书稿发给了编辑。虽然我没有实现昨晚把书稿给她的诺言，但是我知道她们 10:00 上班，就算是昨晚给她，她也是上了班才会处理。上班前给她也算在截止时间之前完成。

我长舒了一口气，打开共享文件里面的日程。我的工作通常从 8:30 开始，已经晚了一个多小时，我需要思考如何排序，把这段时间重新挤出来。

也许你会觉得我记录的仅仅是一个在特殊情况下突发的问题：保姆不在家，先生不在家，文章要限时大改，助理也不在……看起来，每个问题都是一个偶然突发的特殊情况，只是同一时间爆发才汇聚成一个巨大的"麻烦球"。这应该是个例，而非生活常态，无须挂心。

可是如果仔细观察一下，我们就会发现，越能保证每日不变、可以任意被复制的人生，其价值感越低，未来大约都能被 AI（人工智能）代替。有创造力和发展性的人生，譬如领导一家公司，或者看护一两个孩子，虽然工作内容大相径庭，但特质却是一样的：要面对各种混乱，处理各种不同的突发事件。对于这些职业来说，倘若一切都能按照计划实行，反倒成了少数特殊的日子。

领导者和混沌者最大的区别就是，混沌者面对突发问题时，永远在被动地应付；领导者则依靠自己积累的认知，努力分析出相对可靠的方案，拍板实施。

不要以为每个领导者拍板时都是胸有成竹的，无论是一家上市公司在决策一个价值上亿元的收购计划，还是一个女人在决策今年孩子们应该学跳舞还是学英语，没有人敢笃定地说自己的解决方案完美无缺，会带来持续增长，而不是在给自己挖坑。

一个方案是完美的创举还是馊主意，要在实施之后才有答案，而这就是作为领导者所要承担的风险，也是其魅力所在。

一名领导者，要时常面对连续失控的场面，从一团乱麻中厘清头绪、做出决策，并且将决策推行下去……即便成功，也仅仅完成了一半的工作。另一半的工作是从成功中总结经验，以图下次能够继续。当然，实施之后还可能会有一个糟糕的后果——决策失败，那么领导者要敢于面对指责、收拾残局、承担责任，并推行 Plan B（备选计划），保证整个系统持续运行。

领导力并不是一种与生俱来的天赋，而是一种天长日久积累的素养和能力。就我看来，成为一名凡事亲力亲为、独担重任的母亲有助于我们全面塑造领导力，只要我们肯把自己这部分被锻炼好的领导力提炼出来，用在别的方面。

事实上，这并不是我独创的论点。两千多年前的《礼记·大学》里就有"齐家治国平天下"的理论。要想管理一个团队，得先能把家管好。这真是一句至理名言。

像管理家庭一样管理人生，
你我都可以

　　这几年，有很多人，包括我的读者、采访我的记者，甚至生活中认识我的朋友，都问过我一个问题："如果你没有这两个孩子，没做家庭主妇，没有被这么多事务占据大量时间和精力，你是否会有更好的成就？"

　　每一次，我都非常坚定地摇头说："不会。如果我的人生中没有这 6 年的实习和锻炼，我根本就不会有什么成就，我还是当初那个风花雪月、没事就在网络上看穿越小说和鬼故事的小女生，肆无忌惮地消磨着自己的人生。"

　　其实，我们从小到大看过的小说、听过的故事、接受的社会观念无不在告诉我们：有一天你会遇到一个男人，他会把你变成女人。从女孩到女人将是你一生中最重大也是最有仪式感的转变。

　　若干年里，我也是这样坚信着。然后我慢慢地长大了，遇到了初恋，有了一个很不成功的爱情故事。后来，我又遇到一个喜欢的男生，可还是分手了。原来爱情仿佛是深不可测的汪洋，男人好像是里面无法捕捉的鱼，一个浪头过来，谁知道碰到的是海豚还是食人鲸？

就这样，我在 30 岁的时候终于遇到了我的先生，我们很幸福地结了婚，这是一个完满的故事。可我想说的是，在整个过程中，除了因为被伤过心而造成的"间歇性怀疑症"，我从来没有感觉到男人在哪一点上改变了我的人生。

那时的我，善良、敏感，有点儿艺术天分，但是大大咧咧的，没有常性，没有责任感，还有点儿选择困难症。我不会轻易被财富迷惑，也没有什么追寻财富和价值的欲望，和当今社会大多数被中产父母富养大的女孩没什么区别。"人生最美的就是得过且过地混一混"，在那些年，我常常这么说，现在我把这些都归结成：我的前半生。

我的后半生，从我 33 岁生下大女儿思迪开始。

我一直说，我并不是天生特别具有母性的女人。在整个怀孕过程中，譬如第一次听到胎心，第一次看到 B 超里的小人，第一次感受到胎动，或者孕后期孩子的一只小手或者小脚在我肚皮上顶起一个鼓包，我都没有深切感受到即将为人母的心动。

我很自责，觉得自己是个冷酷的人。受过高等教育的女人遇到疑惑，第一时间想到的解惑方式就是去翻阅各种资料，寻找问题的答案。

我在当时北美地区非常有名的中文 BBS（网络论坛）上看到很多高知妈妈也在讨论："你究竟是从什么时候感受到自己的母性的？"

大家纷纷跟帖回复她们各自的经历，我才知道我并不是异类，母性也是需要时间和机缘才会被唤醒的。

思迪在法国医院出生，产程 22 个小时，最后紧急做剖官产。一个病房有两个产妇，旁边床的妈妈生的小男孩比思迪大一天。

在医院里，白天我需要应对护士和家人、朋友一轮一轮的探视；夜里两个孩子此起彼伏地哭，让我难以入睡，这都让我疲惫到极点。

思迪出生的第三天，和我同屋的产妇出院了，且碰巧没有新的产妇住进来。晚上医院清场，把亲朋好友都赶回去了，然后我们母女都睡了一会儿。大概夜里 11 点多，思迪醒了。

我把她抱起来，让她温热的小脑袋贴着我的脖子。我轻轻地给她唱歌，她是听惯了我声音的。我感觉到她小小的身体放松下来，整个人仿佛是一个软软的布娃娃趴在我的身上。可她不是个布娃娃，她明明是活的，因为她呼出的气吹到我的脖子上，痒痒的，散发着微热。

在一片寂静的深夜里，在一盏光线很弱的顶灯下，我就这么抱着她，心骤然一跳。那一刻，我的心像被打上了一个洞，我突然意识到，她是那么小、那么弱，在这个残酷而艰难的世界上，她存活下去唯一的指望就是我。

这是我活了 33 年以来第一次意识到什么是"责任"。人生中一直有些我们不愿欣然拥抱的概念，例如责任、担当、付出和努力，可是谁的人生只有慵懒舒适、云淡风轻？

从那之后，我真正进入了一个母亲的角色，全心全意地投入，全心全意地付出，面对着许多并不愉悦的场景，迅速梳理并做出决定，管理诸多混乱的状态，经历了很多简直无法描述的事情。这不仅仅为了爱，更因为这是我责无旁贷的人生。

6年后，我再次转型，从一个全职妈妈变成了一家创业公司的老板。我总是自嘲说："估计找不到比我更草根的KOL创始人了。"

2018年，按照专门采集公众号大数据的新榜记录，我的公众号"卢璐说"全网传播力超过99.72%的运营者，取得了全年阅读量超过2200万的成绩。

看到这个成绩，我真的非常惊喜。我没有任何媒体经验，不是文字科班出身，没有读过商学院，没有大公司的工作经历和管理经验，而且有两个年幼、需要照顾的孩子，以及一个异常忙碌、高管级别的丈夫……在这种环境下，我能取得这个成绩，并不能简单归因于一种幸运，而是在求生欲的促使下孜孜不倦的结果。

每当我说起我的工作时，无论对方是谁，下一个问题必然是："带着两个孩子，还能把公司运营得这么好，你是怎么做的？"

我只有一句话："像管理家庭和孩子一样管理自己的事业和公司。"

当我这个全职妈妈转型成为创业者之后，我非常惊奇地发现，做一个领导者和在别人的公司上班完全不同。管理我独创的事业，真的和那6年我管家、管孩子异曲同工。

为了弥补不足，我自从注册了工作室，就去看了很多关于领导力或者提升管理力的专业书籍和课程，我发现那些非常激励人心的领导力的课程，居然常常和我在居家看孩子时总结出来的"土法子"相通，比如我在上文讲到的"睡眠工作法"。

譬如在领导力方面，作为领导者，我们需要有很多特质，无论管理的是公司还是家庭。

表 9-1　职场与家庭管理的核心领导力要素

	职场管理的核心领导力要素	家庭管理的核心领导力要素
1	设立愿景，做出有方向性和决策性的抉择	决定整个家庭的生活水平和努力方向，规划孩子的人生走向
2	以时间为节点，规划自己和团队任务流程管理	以时间为节点，规划管理自己的生活流程，包括但不仅限于孩子、老公、工作、婆媳等综合关系
3	协调不同团队工作，抓住重点，最大化地发挥团队主动性	协调各个人生侧面的比例，抓住重点，比如要用创造力最大化催化孩子的主动性
4	一心多用地及时观测，时刻待命，火速处理各个层面的突发事件	一心多用地及时观测，时刻待命，火速处理各个层面的突发事件
5	根据项目进展的即时状况，随时做出相应调整	根据家庭生活的即时状况，随时做出相应调整
6	和团队一起反思和复盘，锁定问题，保证下次项目更加顺利	和家庭成员一起复盘，鼓励、表扬或者锁定问题，以期下次更加顺利

　　责任感、前瞻性、创新性、条理性、全局观、决策力、主动性、耐心度，以及最重要的自主完成力……这些作为领导者需要的特别素质，很多管家的妈妈都具备。

　　更何况，实话实说，对付自家的孩子真的比对付员工难多了。因为孩子充满变数，不可预计，员工却都由价值观规范行为，是有逻辑可预计的。

　　在这个世界上，每个人的生命都是有限的，我们不可能去体验所有的事情，再根据实践中总结出的结论成长。所以从表象的、简单的事物中总结出一套方法论，再因地制宜投射到别的领域，就是一种融会贯通的能力，是人生中最有价值的技能，简称"有悟性"。

领导力并不是一种与生俱来的天赋，它需要后天不停地反复实践和锻炼。

我当然知道人类并非均衡发展，总有一些人的起点比别人高，从小就被赋予了责任心和领导力，譬如说，一些人从小学就开始担任班干部。

可在一个集体中，大多数被领导的人并非不够聪明、不具有形成领导力的潜质，而是因为他们没找到时间和机会去锻炼自己、展示自己、练就自己的能力。

一直以来，人们总觉得女人被生育拖累，成了家庭主妇，然后从此一蹶不振。然而今天，不仅仅是我，还有越来越多的女人都在用自己的人生证明，生育非但没有拖累我们，反倒促成了我们的成功。那几年焦头烂额的育儿生涯，让我们受益良多。

世上从来没有完美的事情，有阴影是因为阳光在另一边。就像我在本书前面那些章节反复论证的那样，能够让一个女人放弃自己的只有自己，而不是来自任何人的压力。

无论是女主内还是男主内，无论是全职主妇还是职场妈妈，无论是二十岁青春靓丽，还是四十岁中年危机，要主动找到自己，要积极进行自我管理，要坚韧地走下去，不抱怨也不放弃。找到努力的意义，用管理家庭的经验去管理自己，我们就一定会有一个积极、顺向的人生。

后 记

每个光芒万丈的女人，都曾经是一点微光

我想来讲一讲我家的故事。

我的奶奶是家有良田百顷的地主家的小姐，在女人还裹着小脚、三从四德的年代里，她上过三年私塾。她写的繁体字间架匀称且十分清秀。她87岁那年还给我绣过一块桌布，上面的蝴蝶萌拙可爱、极有灵气。

因为是女性，还裹着小脚，奶奶一辈子都没能去工作。有很多年，爷爷奶奶的生活是极苦的。即使这样，早上起来，奶奶必用泉城的泉水沏一壶茉莉花茶，茶叶里的茉莉干花是出味儿的，她还要再从花盆里剪两朵含苞的新鲜茉莉放在茶里，就是为了看鲜花在热水中摇曳的美丽。所以奶奶家的阳台上常年精心地养着茉莉花，这和物质无关，是她自己对生活的态度。

奶奶在93岁过世，她这辈子跟我说过很多话，让我印象最深的有两句。

在我去法国读书之前，跟她道别的时候，一直都很节省的她跟我说："一个人在外面，钱一定省着花，可省什么都不要省在嘴上。"

我在法国待了 11 年，回国定居后去看她时，她问我："你现在不上班吗？"

我说："不上了。"

"还画画吗？"

"不画了。"

奶奶停了一下，说："女人没有什么都可以，但不能没工作。"那时，话我是听到了，但是没往心里去。思迪满地跑，我要抓着她，子觅哇哇叫，我要抱着她，我如救火员一样终日疲于奔命，颓废到极点，整天都是满心委屈。为什么世人这么势力，难道做家庭妇女、撑起一个家不是莫大的功绩吗？为什么女人去赚钱才能有被认可的价值？

这些年过去，日子如风一样吹走了附在表面的沙粒，再想到这句话，全是唏嘘。尤其是这句话出自做了一辈子家庭妇女的奶奶之口，就有了分外沉重且清晰的意义。

我知道，奶奶让我去工作并不是为了去赚聊以度日的工资，而是要我去创造价值。我知道，她不希望我像她那样虚度一辈子。

我的外婆是沂蒙山沂水县农民的女儿，家里五个孩子，老大是儿子，其余四个都是女儿，她排行老三。外婆能吃苦，但干活儿不麻利，且她皮肤黑黄，比起家里其他的姐妹，是丑的那个。当年八路军来征兵，虽然投身革命最光荣，但子弹是不长眼睛的。外婆的父母选来选去，只同意让她去，如今想来有些凄凉。

外婆是在部队里遇到外公的。

我小时候一直以为他们是组织安排的婚姻。因为身高 1.8 米、穿着授衔军服、英姿勃发的外公和身高 1.57 米且面色黑黄的外婆站在一起显得很不登对。

20 世纪 50 年代，部队突然刮起了一阵"高级干部家属退伍"风，周围很多干部家属都回家去享清福了。有不少人劝外婆跟着回家，可外婆态度坚决，说她要工作。外婆并不是职场精英，从战争时期到和平年代，做了几十年工作，也只是医院的普通司药。

有一年暑假，我陪着外公在院子里乘凉，外公给我讲八路军的故事，讲着讲着就讲到他在劳模大会上遇见外婆的场景。夜风中，外公的脸一下子就丰润起来，每一条皱纹里都是笑意。

他看着夜空微闪的星星，慢慢地说："你姥姥是劳模，她上台领奖，我颁奖。她头发又黑又亮，像缎子一样。她可真能干啊。这辈子我真是有福。"

我一下子明白了，70 多年前的爱情并不会因为不说"我爱你"就逊色。越是战火纷飞、直面生死，越能爱上人的本质。外公爱的是外婆一直不放弃、永远都在努力的人生价值，这比齿白唇红、青春貌美更有意义。

再说说我的母亲。

20 世纪 80 年代中期，舅舅有个朋友是祖籍中国香港的美国华裔，来青岛做生意。他用带着港音的普通话问我妈妈："请问您做事吗？"

妈妈有点儿蒙地看着舅舅，说："不做事，能做什么？"舅舅赶快向她解释："他的意思是你工作吗？还是只在家照顾璐璐？"

那时候，虽然大家工资都不太高，但女性的就业率很高，全职太太只存在于对大洋彼岸西方社会的想象里——理论上是真实存在的，可生活中更像是一种传奇。

如果时代真的是一辆轰隆隆的战车，当车轮滚到我们这一代时，一切真的已经不同了。看到这本书或者已经通过别的途径认识我的读者都知道，我的人生是有曲线的，我做过 6 年的全职妈妈，并不是一个从开始就有明确的目的，一定要成为建功立业的创业者的人。

当我终于读完书，步入社会，开始面对自己的人生之后，突然就有了那醉人心扉的迷幻选择：女人，你要不要去工作？要不还是待在家里享受岁月静好吧，做个幸福的"小女人"，是不是更惬意？

在很长一段时间里，我都不会把自己称为一个创业者。我觉得羞耻，觉得自己配不上"创业者"这个身份。哪怕经过很多努力，哪怕在现实中，我的事业结构已有雏形，公司可以运转如常，但我还是用了几年的时间，才在亦步亦趋的试探和挣扎里从精神上认可了自己今天的角色。

一路走过来，我才发现，在这个世界中，赚钱很难，在事业上做出成绩很难，可其实最难的是如何面对自己的内心，承认自己。

我兢兢业业地写了三年文章之后，用了三个月考虑要不要注册公司；当第一个员工入职时，我整月都在焦虑，并不是担心付不出工资，而是怕我担不起责任。我的内心是软弱的，我会一遍又一遍地告诫自己："你要不行的话，莫辜负。"我更是常常会陷入自责和愧疚，因为我不能再如原来一样有那么多的时间和精力去陪伴我的孩子们，照顾我的家庭，作为一个女人、妻子和母亲，我觉得我很失职。

我无数次想放弃，甚至一直到今天，我每天都会对自己说几次："放弃吧，放弃比较容易！"可每当我真的开始决定放弃的时候，内心却总是有个小小的声音在挣扎："要不要……要不要继续试试？"

从一个普通女人到一名女性创业者，再到一名有自己价值观的成熟女人，向前走的时候不觉得难，可转头回望，一步一步十分艰辛，全是荆棘。

是的，生而为人，我们从上亿颗精子中的一颗走来。宿命者看到的是天意，神学家看到的是信仰，佛教徒看到的是因果，浪漫者看到的是爱情，科学家看到的是概率……然而无论如何，生命只有这从生到死的一次，女人在成为女人、妻子、母亲之前，首先要是一个人，要活出一个人的意义！

让自己强大起来，等到有一天我们终于不用依附父母或者老公，只靠自己，就可以独立地站着。这样的日子，只要有过一天，就会知道是一种怎样的惬意！

我知道，每当我说到这里时，就会有人反驳我：难道生养孩子，撑起整个家，就不是价值吗？为什么要提高工作赚钱的地位，贬低家庭妇女的付出和价值？

不，并不是这样子的！这是一个和文化有关的含义。

在国内，每次我们说到"工作"，是特指有金钱或至少物质报酬的任务。但英语单词 work 或者法语单词 travailler 却并不特指有金钱回报，而是一种克服自我的事！譬如，当一个孩子做了完美的练习，老师或者父母用英语会说"good work"，用法语会说"Bonne travaille"，而在中文里，我们不会对孩子说："完美的工作。"

在人生中，我们需要工作，需要持续发力的输出，因为就是这些输出奠定了我们在人群中的身份和价值。尤其是在家庭之外，拥有一个独立身份让我们拥有了在社会中作为一个人的意义。

女性的独立真的不仅仅是经济上的，更多来自自己主观的看法和态度。无论情境和际遇如何，每个能走向独立的人必须自己迈出脚。独立更不是一个口号，不是说一句"我想要独立"，我就可以独立的。

我们需要具备让自己独立的能力，从认知、意识、格局等各个方面丰富自己。更重要的是，建立自己内心的秩序，让自己不再恐慌和焦虑。

这才是本书——我洋洋洒洒写了十多万字的意义，而我愿意再重复一次：

> 今天的女性想要获得更高品质的人生，不辜负自己，就一定要获得自我精神独立。要实现自我精神独立，就要拥有强大的内心。强大的内心需要有条理地排列好自己的人生秩序。

也许从精神角度上来说，这是一个有点儿抽象、并不好理解的概念，但请设想一下，把一个人封闭在一间杂乱无章的屋子里，即使窗外阳光明媚，这个人一定也面临着无法抑制的崩溃情绪。而即使空间再小、条件再差，当我们走进一个井井有条的空间时，总会有油然而生的笃定和愉悦。

我们的人生就好比一间屋子，越成长，我们就拥有越多的东西，父母、家庭、孩子、事业、朋友……人生不可能一味地做减法，因为有太多的事物是我们根本就减不掉的，可人生也不可能持续扩容，它最大的硬伤就是时间！

有句古话说："一屋不扫，何以扫天下？"今天我要说：一屋不扫，怎么能变得强大？

与其停在一团糟的人生中，被焦虑、疲惫、崩溃、颓废、无力的挫败感控制，我们首先能做的就是整理和树立自己内心的秩序，让自己有条不紊、轻车熟路地按照自己建立的秩序生活。

谁说女人的人生一定就是结婚生子、上厨房下厅堂、相夫教子？这只不过是许许多多人生秩序中的一种而已！

人生很多时候，仿佛就是在玩乐高积木，教育、婚姻、家庭、孩子、事业、朋友、旅行、美食、房子、宠物……都是一块块或大或小的积木。在有限的生命中，我们到底应该如何把这些元素摆成一个形状？我最终搭起来的城堡，为什么和你的相似？

世界那么大，每个人都是不同的，并不是所有人的人生都需要整齐划一，有的人生秩序也许是读书、结婚、生子；有的人生秩序也许是赚钱、成功、旅行、生子；有的人生秩序可能是养生、养猫、养花养草、爱情、美食……

我一直认为，社会发展的趋势绝对不是越来越千篇一律，而是给予每个人更大的生存空间、更丰富的生存层面，尤其是让被各种原因压抑和挟制了这么久的女性都可以像徐志摩写过的康桥的水草，用自己最惬意的方式生存。

至于我，选择在家工作让我可以一面戴着耳机跟我分布在各地的团队开会，一面在厨房里烤曲奇，在孩子们放学回来的时候，有刚出炉的酥香曲奇吃，巧克力的香气在家中四溢。但同时，我必须接受，分散在全国各地的团队的工作效率和凝聚力，和同在一个办公室的团队毫无可比性，这是影响公司发展的桎梏。或者说，我选择放弃了把自己的事业做得更大、做成规模的可能。

这就是我的人生秩序，我选家庭和孩子，我也选择创造着自己的社会价值，而后者更反哺于我的婚姻和家庭，二者相互受益。

我们常常会说到一个字——"业"，无论指的是"创业"还是"事业"。那这个"业"到底是什么？家国大业，财富事业？

在婆罗门教中，"业"是直接推动生命延续的力量。在自己的人生中，走出一条没有复制前人的路，又何尝不是一种"业"？

我终于明白，无论是奶奶的叮嘱还是外婆的坚决，作为女人，在来都来了的世界里，活出自己的价值才是唯一的不辜负。

虽然在今天的社会中，男性和女性在很多状况中依旧是不平等的，但是不可否认，我们正活在几千年来对女性最友好的时代，而且我们正在创造更加平等的未来。

在这个世界上，每个人都有自己的来路，每个人都有自己的归途，每一步由自己踏出的脚印都是有意义的。

不要再相信从小到大听到的"女性本弱"，根本不是女人不行，而是我们认为自己不行。相信自己，这是一种力量，更是一种成长，只要自己愿意，一定可以一点点积累，并且赢得好的局面。

　　在夜空中，每束闪烁的微光都是一个发亮的星球，只要亮起来，就有人能看到。别害怕，更不要自卑，每个女人都是一点微光，汇在一起，就能够照亮整个天际。

　　在人生之路上，每个人都只有一次机会，让我们一步一步地成为真正的自己。